JN029772

高入

中学 理科用語・化学式 カードスタイル

CARD STYLE

Gakken

♛ この本の特長

自分だけの暗記カードにできる！

　この本はオモテ面とウラ面で対の構成になっています。ミシン目で切り取って，付属のリングでとめれば，どこにでも持ち運びのできる暗記カードになります。

　必要なカードを抜き出して，学校の行き帰りや休み時間などのすきま時間に，重要事項の確認をしましょう。

出題ランク順だから効率がよい！

　理科の入試では，用語を記述したり，選択したりする問題が非常に多く出題されます。そこで，編集部は全国の公立高校の入試問題を徹底的に分析し，**出題頻度の高い400語**を厳選してこの本に収録しました。

　また，効率よく学習できるように，生物・化学・地学・物理・化学式の分野ごとに，以下の**4つのランク**に分けてあります。

　分野ごとの学習はもちろん，進度に応じてランク別に覚えることもできます。

ランクS	最頻出の超重要用語
ランクA	必ず押さえたい超重要用語
ランクB	よく出る重要用語
ランクC	知っておくと差がつく用語

👑 この本の構成

オモテ面が問題，ウラ面が答えとなる重要用語とその解説になっています。

オモテ面

分野 単元

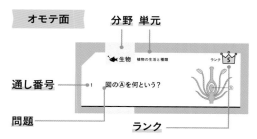

通し番号

問題

ランク

S, A, B, C の順に配列してあります。
同じランク内では学年順に掲載しています。

ウラ面

解答
（重要用語）

ポイント解説

しっかり押さえて得点アップ！

カードの上手な切り取り方

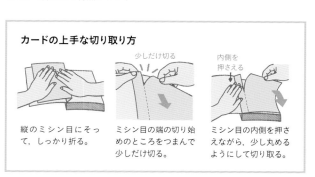

縦のミシン目にそって，しっかり折る。

ミシン目の端の切り始めのところをつまんで少しだけ切る。

ミシン目の内側を押さえながら，少し丸めるようにして切り取る。

CONTENTS

ランク順 中学理科用語・化学式 カードスタイル

🐟 生物分野

📖 化学分野

⛰ 地学分野

💡 物理分野

⚗ 化学式

生物　植物の生活と種類　ランク S

1　図の図を何という？

生物　植物の生活と種類　ランク S

2　葉の表皮にある，気体の出入り口図を何という？

生物　植物の生活と種類　ランク S

3　光合成が行われる場所は，植物の細胞の中の何という部分？

生物　動物の生活と生物の進化　ランク S

4　だ液にふくまれる，デンプンを分解する消化酵素を何という？

生物　生命の連続性　ランク S

5　受精卵が体細胞分裂をくり返したものを何という？

生物 植物の生活と種類　　ランク S

胚珠
（はい　しゅ）

▶ 受粉後，種子になる。
▶ 被子植物では子房の中にある。

生物 植物の生活と種類　　ランク S

気孔
（き　こう）

▶ 光合成や呼吸で二酸化炭素や酸素が出入りし，蒸散で水蒸気が
　出る。
▶ ふつう葉の裏側に多い。

生物 植物の生活と種類　　ランク S

葉緑体
（よう　りょく　たい）

▶ 植物の細胞の中にある緑色の粒。

生物 動物の生活と生物の進化　　ランク S

アミラーゼ

▶ デンプンを分解するが，タンパク質や脂肪にははたらかない。

生物 生命の連続性　　ランク S

胚
（はい）

▶ 動物では受精卵が細胞分裂を始めてから自分で食物をとり始め
　る前までのこと。
▶ 被子植物では将来，植物のからだになる部分。

生物 生命の連続性　　　ランク S

6　遺伝子の本体は何という物質?

生物 植物の生活と種類　　　ランク A 👑👑👑

7　図のⒶを何という?

生物 植物の生活と種類　　　ランク A 👑👑👑

8　図のⒶを何という?

生物 植物の生活と種類　　　ランク A 👑👑👑

9　図の根で，細い根Ⓐを何という?

生物 植物の生活と種類　　　ランク A 👑👑👑

10　図のⒶの管を何という?

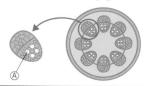

生物　生命の連続性　ランク S

DNA（デオキシリボ核酸）

生物　植物の生活と種類　ランク A

柱頭

▶ めしべの先の部分。柱頭に花粉がつくことを，受粉という。

生物　植物の生活と種類　ランク A

子房

▶ めしべのもとのふくらんだ部分。受粉後，果実になる。

生物　植物の生活と種類　ランク A

側根

▶ タンポポなどの双子葉類の根に見られる，主根から枝分かれしてのびている細い根。

主根　　側根

生物　植物の生活と種類　ランク A

道管

▶ 根から吸収した水や水にとけた養分（肥料分）が通る。

8

🐟生物 植物の生活と種類　　　　ランク A 👑👑👑

11 道管や師管が集まって束になった部分Ⓐを何という？

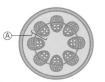

🐟生物 植物の生活と種類　　　　ランク A 👑👑👑

12 植物のからだから水が水蒸気となって出ていくことを何という？

🐟生物 植物の生活と種類　　　　ランク A 👑👑👑

13 植物が光を受けて，デンプンなどの栄養分をつくるはたらきを何という？

🐟生物 植物の生活と種類　　　　ランク A 👑👑👑

14 デンプンを検出する試薬は？

🐟生物 植物の生活と種類　　　　ランク A 👑👑👑

15 調べようとしている条件以外を同じにして行う実験を何という？

維管束
<small>い　かん　そく</small>

▶ 根, 茎, 葉とつながっている。
▶ 道管は, 茎では中心側, 葉では表側にある。

蒸散
<small>じょう　さん</small>

▶ 蒸散はおもに気孔で行われる。
▶ 蒸散によって, 根から水を吸い上げている。

光合成
<small>こう　ごう　せい</small>

〈光合成のしくみ〉

二酸化炭素 ＋ 水 ──光──→（葉緑体）→ デンプン ＋ 酸素
└ 空気中から　└ 根から　　　　　　　　　　　　└ 空気中へ

ヨウ素液

▶ うすい茶色の試薬で, デンプンがあると青紫色に変化する。

対照実験

▶ 実験の結果のちがいが, 変えた条件によるものであることがわかる。

16　植物が昼に多く出している気体は？

17　アブラナのように，胚珠が子房に包まれている植物を何という？

子房

胚珠

18　マツのように，胚珠がむき出しの植物を何という？

胚珠

19　イヌワラビやゼニゴケは，何をつくってなかまをふやす？

20　細胞にある，染色液によく染まるⒶを何という？

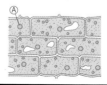

Ⓐ

生物　植物の生活と種類　　ランク A 👑👑👑

酸素

▶ 植物は 1 日中呼吸を行うが，昼は光合成をさかんに行うため，全体では酸素を多く出している。

生物　植物の生活と種類　　ランク A 👑👑👑

被子植物

▶ 例 アブラナ，サクラ，タンポポ，トウモロコシ，ユリ
▶ 受粉後，子房は果実に，胚珠は種子になる。
▶ 被子植物は，単子葉類と双子葉類に分けられる。

生物　植物の生活と種類　　ランク A 👑👑👑

裸子植物

▶ 例 マツ，スギ，イチョウ，ソテツ
▶ 受粉後，胚珠は種子になる。子房がないので果実はできない。

生物　植物の生活と種類　　ランク A 👑👑👑

胞子

▶ シダ植物やコケ植物は，種子をつくらず胞子でふえる。

生物　動物の生活と生物の進化　　ランク A 👑👑👑

核

▶ 植物の細胞と動物の細胞に共通にあるつくり。

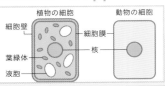

12

21　形やはたらきが同じ細胞の集まりを何という？

22　消化液にふくまれ，食物中の栄養分を分解するはたらきをもつ物質を何という？

23　だ液中の消化酵素によって分解される物質は何？

24　胃液中にある，タンパク質を分解する消化酵素を何という？

25　小腸の壁のひだの表面にあるⒶを何という？

組織
そ しき

▶ 多細胞生物は，細胞が集まって組織を，組織が集まって器官を，器官が集まって個体をつくる。

消化酵素
しょう か こう そ

▶ 自分自身は変化せず，決まった物質にだけはたらく。

デンプン

▶ だ液中にはアミラーゼという消化酵素がふくまれる。

ペプシン

▶ タンパク質を分解するが，デンプンや脂肪にははたらかない。

柔毛
じゅう もう

▶ 柔毛があることで，小腸の表面積が大きくなり，効率よく栄養分を吸収できる。

26 細胞が，酸素を使って栄養分からエネルギーをとり出し，二酸化炭素を放出することを細胞による何という？

27 ヒトのからだで，酸素をとり入れ，二酸化炭素を体外へ出すはたらきをしている器官は？

28 酸素を運ぶ，血液の成分Ⓐは何？

29 赤血球にふくまれ，酸素と結びつく赤い物質を何という？

30 血しょうの一部が毛細血管からしみ出て，細胞のまわりを満たしている液を何という？

（細胞による）呼吸

〈細胞による呼吸のしくみ〉

$$\boxed{栄養分} + \boxed{酸素} \xrightarrow[\text{（細胞）}]{\text{エネルギー}} \boxed{二酸化炭素} + \boxed{水}$$

肺

▶ 肺では，空気中の酸素が血液中にとりこまれ，血液中から二酸化炭素が放出されて体外に出される。これを肺による呼吸という。

赤血球

▶ 中央がくぼんだ円盤状をしている。

ヘモグロビン

▶ 酸素の多いところでは酸素と結びつき，酸素の少ないところでは酸素をはなす性質をもつ。

組織液

▶ 血液と細胞の間では，組織液を通して酸素や栄養分，二酸化炭素，不要な物質などの受けわたしを行う。

31 体内でアミノ酸が分解されてできる有害な物質は?

32 体内でできた有害なアンモニアを無害な物質に変える器官は?

33 血液中から尿素をとり除く器官は?

34 中枢神経からの命令の信号を運動器官に伝える神経を何という?

35 刺激に対して,無意識に起こる反応を何という?

アンモニア

▶ 細胞のはたらきで生じ，血液に入って運ばれる。

肝臓
かん ぞう

▶ 肝臓のはたらき…①有害なアンモニアを無害な尿素に変える。
②小腸から運ばれてきた栄養分を別の物質につくり変えたり，
たくわえたりする。③胆汁をつくる。

じん臓

▶ じん臓でとり除かれた尿素などの不要
な物質は，尿として体外に排出される。

運動神経
うん どう しん けい

〈刺激の伝わり方〉

反射
はん しゃ

▶ 反応に要する時間が短い。
▶ 例 ①熱いものにふれたとき，手を引っこめる。
②口の中に食べ物を入れると，だ液が出る。

36　背骨をもつ動物を何という?

37　両生類の幼生（子）の呼吸器官は何?

38　哺乳類（ほにゅうるい）の子のうまれ方を何という?

39　からだがかたい殻（から）でおおわれ，からだやあしに節（ふし）がある無脊椎動物（むせきついどうぶつ）を何という?

40　節足動物（せっそくどうぶつ）のからだの外側をおおう，かたい殻（から）を何という?

脊椎動物

▶ 魚類，両生類，は虫類，鳥類，哺乳類がある。

えら

▶ カエルやイモリなどの両生類は，幼生はえらで，成体は肺と皮膚で呼吸を行う。

胎生

▶ 母親の体内で，ある程度育ってからうまれるうまれ方。

節足動物

▶ 昆虫類や甲殻類（エビ，カニ），クモは節足動物。

外骨格

▶ 節足動物は，背骨をもたない無脊椎動物。

41 生物が長い年月をかけて，代を重ねる間に変化することを何という？

42 図のように，基本的なつくりが同じ器官を何という？

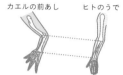

カエルの前あし　　　ヒトのうで

43 生物のもつ形や性質の特徴を何という？

44 染色体にある，生物の形質を決めるものを何という？

45 受精をしないで，子をつくることを何という？

進化

▶ 地球上の生物は，水中で生活するものから陸上で生活するものへと進化した。

相同器官

▶ 現在の形やはたらきは異なっていても，もとは同じ器官であったと考えられる器官。

形質

▶ 種子の形の「丸」「しわ」のように，1つの個体にいっしょには現れない相対する形質を対立形質という。

遺伝子

▶ 親の形質が子や孫に伝わることを遺伝という。

無性生殖

▶ 体細胞分裂によって新しい個体をつくるふえ方。

▶ ジャガイモのいもなどのように，植物がからだの一部から新しい個体をつくる無性生殖を栄養生殖という。

46　受精によって子をつくることを何という？

47　Ⓐの管を何という？

48　花粉管の中にある生殖細胞Ⓐを何という？

49　受精卵が成長して生物のからだができていく過程を何という？

50　生殖細胞がつくられるときに行われる細胞分裂を何という？

有性生殖

▶ 雄と雌の生殖細胞の受精によって，新しい個体をつくるふえ方。

花粉管

▶ 受粉後，花粉から胚珠に向かってのびる管。

精細胞

▶ 花粉管の中を移動し，胚珠の中の卵細胞と受精する。

発生

▶ 1個の細胞の受精卵が，体細胞分裂をくり返して胚になり，個体としてのからだができていく。

減数分裂

▶ 染色体の数は，もとの細胞の半分になる。

51 対立形質をもつ純系の親どうしをかけ合わせたとき，子に現れるほうの形質を何という？

52 対になっている遺伝子が，減数分裂のときに分かれて別々の生殖細胞に入ることを何という？

53 ある場所に生息する生物と環境をひとまとまりとしてとらえたものを何という？

54 生物どうしの食べる・食べられるの関係を何という？

55 植物のように，無機物から有機物をつくる生物を何という？

生物 生命の連続性 ランク A 👑👑👑

顕性形質

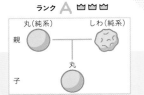

▶ 右の図では，丸い種子が顕性形質。しわの種子は潜性形質という。

生物 生命の連続性 ランク A 👑👑👑

分離の法則

▶ 受精によって，遺伝子は再び対になる。

生物 自然と人間 ランク A 👑👑👑

生態系

生物 自然と人間 ランク A 👑👑👑

食物連鎖

▶ 食物連鎖の出発点は，光合成を行って有機物をつくる植物。

生物 自然と人間 ランク A 👑👑👑

生産者

▶ 植物は，光合成を行って有機物をつくる。

🐟 生物　自然と人間　　　　　　　　ランク A 👑👑👑

56 土の中の小動物や微生物のように，生物の死がいやふんなどの有機物を養分としてとり入れている生物を何という？

🐟 生物　植物の生活と種類　　　　　　ランク B 👑👑

57 顕微鏡で，対物レンズの倍率を変えるときに動かすⒶを何という？

🐟 生物　植物の生活と種類　　　　　　ランク B 👑👑

58 おしべの先のⒶを何という？

🐟 生物　植物の生活と種類　　　　　　ランク B 👑👑

59 おしべの先のⒶに入っているものを何という？

🐟 生物　植物の生活と種類　　　　　　ランク B 👑👑

60 受粉後，胚珠は成長して何になる？

生物　自然と人間　ランク A 👑👑👑

分解者

▶ 土の中の小動物や，菌類や細菌類などの微生物は，生物の死がいやふんなどの有機物をとり入れ，呼吸によって無機物に分解してエネルギーをとり出す。

生物　植物の生活と種類　ランク B 👑👑

レボルバー

▶ はじめは低倍率で観察する。
▶ 顕微鏡の倍率＝接眼レンズの倍率×対物レンズの倍率

生物　植物の生活と種類　ランク B 👑👑

やく

▶ おしべの先の小さな袋。

生物　植物の生活と種類　ランク B 👑👑

花粉

▶ おしべの先のやくの中には花粉が入っている。

生物　植物の生活と種類　ランク B 👑👑

種子

▶ 花をさかせる植物は，種子をつくってなかまをふやす。

61 種子をつくってふえる植物を何という?

62 根の先端近くにある, 毛のようなものを何という?

63 図のように, 同じような太さの根を何という?

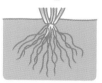

64 図の根で, 太い根Ⓐを何という?

65 図のⒶの管を何という?

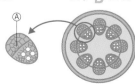

生物　植物の生活と種類　　　ランク B 👑👑

種子植物

▶ 種子植物は，被子植物と裸子植物に分けられる。

生物　植物の生活と種類　　　ランク B 👑👑

根毛
こん　もう

▶ 根毛が無数にあることによって，根の表面積が大きくなり，水や養分（肥料分）を効率よく吸収できる。

生物　植物の生活と種類　　　ランク B 👑👑

ひげ根
　　　ね

▶ イネなどの単子葉類の根のつくり。

生物　植物の生活と種類　　　ランク B 👑👑

主根
しゅ　こん

▶ ヒマワリなどの双子葉類の根に見られる，中心の太い根。

生物　植物の生活と種類　　　ランク B 👑👑

師管
し　かん

▶ 光合成によって葉でつくられた栄養分が通る。

66 **葉の筋を何という?**

67 **光合成の原料で, 気孔からとり入れるものは?**

68 **光合成の原料で, 根から吸収されるものは?**

69 **茎の維管束の並び方が図のような被子植物を何という?**

維管束

70 **茎の維管束の並び方が図のような被子植物を何という?**

維管束

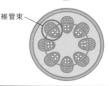

葉脈
ようみゃく

平行脈　　網状脈

▶ 葉の維管束が通っている部分。
平行脈と網状脈がある。

二酸化炭素

▶ 空気中から気孔を通してとり入れる。

水

▶ 根から吸収された水は, 道管を通る。

単子葉類
たんしようるい

〈単子葉類の特徴〉
根のようす　　葉脈

ひげ根　　平行脈

▶ 単子葉類は, 子葉が1枚
の被子植物。茎の維管束
は散らばっている。

双子葉類
そうしようるい

〈双子葉類の特徴〉
根のようす　　葉脈

主根と側根　　網状脈

▶ 双子葉類は, 子葉が2枚
の被子植物。茎の維管束
は輪の形に並ぶ。

71 双子葉類のうち，花弁が1枚1枚離れている植物を何という？

72 イヌワラビの葉の裏にある，Ⓐを何という？

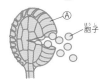

胞子

73 植物の細胞のⒶを何という？

74 ゾウリムシのように，1個の細胞からなる生物を何という？

75 胃液中の消化酵素によって分解される物質は何？

離弁花類
りべんかるい

▶ 例 アブラナ，エンドウ，サクラ
▶ 双子葉類は花弁のつき方によって，離弁花類と合弁花類に分けられる。

胞子のう
ほうし

▶ シダ植物やコケ植物で，胞子が入っている部分。
▶ コケ植物では，雌株にできる。

細胞壁
さいぼうへき

▶ 細胞壁，葉緑体，大きな液胞は，植物の細胞にだけある。

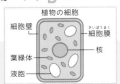

植物の細胞
細胞壁
細胞膜
核
葉緑体
液胞

単細胞生物
たんさいぼうせいぶつ

▶ ミジンコやヒトのように，多くの細胞からなる生物を多細胞生物という。

タンパク質

▶ 胃液中には，ペプシンという消化酵素がふくまれる。

76 タンパク質が消化酵素によって分解されてできる最終的な物質は何？

77 デンプンが消化酵素によって分解されてできる最終的な物質は何？

78 肝臓でつくられる消化液は？

79 消化された栄養分が吸収される器官は？

80 肺をつくる小さな袋Ⓐを何という？

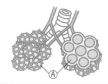

35

アミノ酸

▶ 小腸の柔毛で吸収された後，毛細血管に入る。

アミノ酸 → 毛細血管
　　　　　　リンパ管

ブドウ糖

▶ 小腸の柔毛で吸収された後，毛細血管に入る。

ブドウ糖 → 毛細血管
　　　　　　リンパ管

胆汁

▶ 肝臓でつくられた胆汁は，胆のうにたくわえられる。
▶ 消化酵素をふくまないが，脂肪の消化を助ける。

小腸

▶ 水分もおもに小腸で吸収される。

肺胞

▶ 肺胞内の空気から血液中に酸素をとり入れ，血液中の二酸化炭素を肺胞中に出す。
▶ 肺胞があることで表面積が大きくなり，気体の交換が効率よくできる。

81 肺胞をとりまくⒶは何？

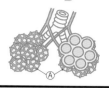

82 血液の液体成分を何という？

83 目のつくりで，Ⓐを何
という？

84 目のつくりで，Ⓐを何
という？

85 感覚器官から中枢神経へ刺激の信号を伝え
る神経を何という？

生物 動物の生活と生物の進化　ランク B 👑👑

毛細血管

▶ 動脈と静脈をつなぐ，網の目のような細い血管。

生物 動物の生活と生物の進化　ランク B 👑👑

血しょう

▶ 養分や不要な物質（二酸化炭素，アンモニアなど）をとかして運ぶ。

生物 動物の生活と生物の進化　ランク B 👑👑

虹彩

▶ 水晶体（レンズ）に入ってくる光の量を調節する。

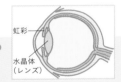

虹彩

水晶体（レンズ）

生物 動物の生活と生物の進化　ランク B 👑👑

網膜

▶ 物体からの光を水晶体（レンズ）で屈折させ，網膜上に像を結ぶ。
▶ 光の刺激を受けとる細胞がある。

生物 動物の生活と生物の進化　ランク B 👑👑

感覚神経

▶ 感覚神経と運動神経をまとめて末しょう神経という。

86
耳のつくりで，Ⓐを何
という？

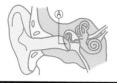

87
骨についている筋肉の両端_{りょうたん}Ⓐ
を何という？

88
魚類の呼吸のしかたは何呼吸？

89
図のⒶのような
体温の動物を何
という？

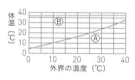

90
図のⒷのような体
温の動物を何とい
う？

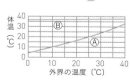

鼓膜
（こまく）

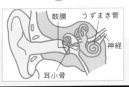

▶ 音をとらえて振動する部分。
▶ 音の振動は，鼓膜→耳小骨→うずまき管→神経と伝わる。

けん

▶ 骨につく筋肉は，関節をまたいで2つの骨についている。

えら呼吸

▶ 脊椎動物では，水中で生活する魚類と両生類の幼生（子）がえら呼吸。

変温動物
（へんおんどうぶつ）

▶ 外界の温度が変化すると，体温も変化する動物。
▶ 魚類，両生類，は虫類は変温動物。

恒温動物
（こうおんどうぶつ）

▶ 外界の温度が変化しても，体温を一定に保つことができる動物。
▶ 鳥類，哺乳類は恒温動物。

91 カエルやイモリは何類？

92 背骨をもたない動物を何という？

93 無脊椎動物のうち，イカやタコ，貝のなかまを何という？

94 軟体動物がもつ，内臓を包む膜を何という？

95 細胞分裂のときに，細胞の中に見られるひものようなもの Ⓐ を何という？

両生類

- 卵生で，水中に殻のない卵をうむ。
- 幼生（子）はえら，成体（親）は肺と皮膚で呼吸する。
- 変温動物。体表は湿った皮膚でおおわれる。

無脊椎動物

- 無脊椎動物には，節足動物，軟体動物などがある。

軟体動物

- からだやあしには節がない。

外とう膜

イカのからだ▶

染色体

- 染色体には遺伝子がある。

96 細胞の核や染色体を染める染色液を何という?

97 卵や精子のような,生殖のための特別な細胞を何という?

卵　　精子

98 胚珠の中にある生殖細胞Ⓐを何という?

99 卵細胞の核と精細胞の核が合体してできた細胞を何という?

100 親,子,孫と代を重ねても,その形質が変わらず親と同じであるものを何という?

酢酸カーミン液

▶ 酢酸オルセイン液や酢酸ダーリア液でもよい。

生殖細胞

▶ 減数分裂をしてできる。染色体の数は体細胞の半分。
▶ 被子植物では，精細胞と卵細胞が生殖細胞。

卵細胞

▶ 卵細胞の核と精細胞の核が合体することを受精という。

受精卵

▶ 動物では，卵の核と精子の核が合体してできる。

純系

101

生物どうしの食べ物による関係が，網(あみ)の目のようにつながっていることを何という?

102

植物や他の動物を食べて，有機物(ゆうきぶつ)をとり入れる生物を何という?

103

地球の平均気温が上昇(じょうしょう)している現象を何という?

104

大気中の二酸化炭素などが地表から放出される熱を吸収し，再放出することによって，気温の上昇をもたらす効果を何という?

105

地表から放出された熱を吸収するはたらきのある，二酸化炭素やメタンなどの気体を何という?

食物網
しょく もつ もう

▶ 生物どうしの食べる・食べられるの関係を食物連鎖という。
しょくもつれんさ

消費者
しょう ひ しゃ

▶ 草食動物や肉食動物は消費者。

地球温暖化
ち きゅう おん だん か

▶ 化石燃料の大量消費や森林伐採などによる，大気中の二酸化炭
かせきねんりょう　　　　　　ばっさい
素の増加が原因と考えられている。

温室効果
おん しつ こう か

▶ 吸収された熱の一部が地表にもどり，地表の温度が上がる。

温室効果ガス
おん しつ こう か

🐟 生物　自然と人間　ランク B 🏅🏅

106 オゾン層が破壊されると, 地表に届く何の量が増加する?

🐟 生物　植物の生活と種類　ランク C 🏅

107 顕微鏡で, Ⓐのレンズを何という?

🐟 生物　植物の生活と種類　ランク C 🏅

108 顕微鏡で, Ⓐを何という?

🐟 生物　植物の生活と種類　ランク C 🏅

109 双眼実体顕微鏡で, 右目のピントを合わせるⒶを何という?

🐟 生物　植物の生活と種類　ランク C 🏅

110 双眼実体顕微鏡で, 左目のピントを合わせるⒶを何という?

紫外線

▶ フロンガスによって**オゾン層**が破壊される。
▶ 地表に届く紫外線が増加すると，皮膚がんが増加したりする。

対物レンズ

▶ 接眼レンズ→対物レンズの順にとりつける。
▶ 対物レンズとプレパラートの間を近づけた後，**遠ざけながら**ピントを合わせる。

しぼり

▶ 視野の**明るさ**を調節する。

微動ねじ（調節ねじ）

視度調節リング

---

111 図の水中の小さな生物を何という？

112 ゾウリムシ，アメーバ，ハネケイソウのうち，緑色をしているのはどれ？

113 受粉（じゅふん）後，子房（しぼう）は何になる？

子房

114 マツの花で，うろこのように重なっているものを何という？

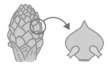

115 マツの花粉が入っている部分を何という？

ミジンコ

▶ 大きさは1mmくらいで，肉眼でも見える。
▶ ミジンコ，ゾウリムシ，アメーバなどは動き回る。

ハネケイソウ

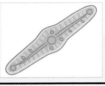

▶ ハネケイソウ，ミカヅキモ，アオミドロなどは葉緑体をもち，光合成を行う。

ハネケイソウ▶

果実 _{か じつ}

▶ 子房があるのは被子植物。

りん片 _{ぺん}

雌花のりん片
胚珠

▶ 図はマツの雌花のりん片で，胚珠がついている。

花粉のう _{か ふん}

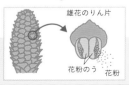

雄花のりん片
花粉のう　花粉

▶ 花粉のうは，雄花のりん片についていて，中に花粉が入っている。

生物 植物の生活と種類　　ランク C ☖

116 図の葉脈を何という？

生物 植物の生活と種類　　ランク C ☖

117 双子葉類のうち，花弁がもとでくっついている植物を何という？

生物 植物の生活と種類　　ランク C ☖

118 種子をつくらない植物のうち，イヌワラビなどのなかまを何という？

生物 動物の生活と生物の進化　　ランク C ☖

119 いくつかの種類の組織が集まってつくられる，特定のはたらきをする部分を何という？

生物 動物の生活と生物の進化　　ランク C ☖

120 デンプンをふくむ溶液にヨウ素液を加えると何色に変化する？

生物　植物の生活と種類　　ランク C

網状脈

▶ 双子葉類の葉脈で，網目状に広がる。

生物　植物の生活と種類　　ランク C

合弁花類

▶ 例 アサガオ，タンポポ，ツツジ

生物　植物の生活と種類　　ランク C

シダ植物

▶ 胞子でふえる。
▶ 根・茎・葉の区別があり，維管束がある。
▶ 葉緑体をもち，光合成を行う。

生物　動物の生活と生物の進化　　ランク C

器官

▶ 例 植物…根，茎，葉。　動物…目，心臓，小腸。
▶ いくつかの器官が集まって個体がつくられる。

生物　動物の生活と生物の進化　　ランク C

青紫色

▶ ヨウ素液をデンプンに加えると青紫色を示す。

121 デンプンが分解されてできる糖（麦芽糖など）があるかを調べるとき，ベネジクト液を加えた後にする操作は何？

122 食物を消化酵素のはたらきなどによって，からだに吸収されやすい物質にすることを何という？

123 食物中の栄養分で，胆汁とすい液中の消化酵素のはたらきによって分解される物質は何？

124 脂肪が消化酵素によって分解されてできる最終的な物質は，脂肪酸と何？

125 図のⒶを何という？

加熱

▶ 麦芽糖などの糖があると, 赤褐色の沈殿ができる。

消化

▶ 口からとり入れられた食物は, 消化管（口→食道→胃→小腸→大腸→肛門）を通る。

脂肪

▶ すい液中には, 脂肪を分解するリパーゼという消化酵素がふくまれる。

モノグリセリド

▶ 脂肪酸とモノグリセリドは, 柔毛で吸収された後, 再び脂肪になってリンパ管に入る。

気管

▶ 鼻や口からとりこまれた空気は, 気管→気管支→肺胞へと入る。

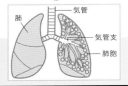

126　ヒトの心臓で，Ⓐの部屋を何という？

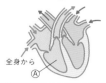

全身から
Ⓐ

127　ヒトの心臓で，Ⓐの部屋を何という？

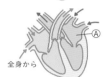

Ⓐ
全身から

128　次の血液の循環を何という？

心臓		全身の毛細血管		心臓
（左心室）	大動脈 →		大静脈 →	（右心房）

129　小腸を通る前後の血液で，通った後の血液のほうに多くふくまれるのは，酸素と栄養分のどちら？

130　ウイルスや細菌などを分解する血液成分Ⓐを何という？

Ⓐ

右心室
（う しん しつ）

▶ 右心房から流れこんだ血液を肺へ送り出す部屋。二酸化炭素の多い静脈血が流れる。

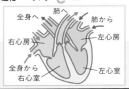

左心房
（さ しん ぼう）

▶ 肺からもどってきた血液が入る部屋。酸素の多い動脈血が流れる。

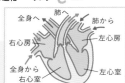

体循環
（たい じゅん かん）

▶ 人の血液の循環には肺循環と体循環がある。

〈肺循環〉 心臓（右心室） → 肺動脈 → 肺の毛細血管 → 肺静脈 → 心臓（左心房）

栄養分
（えい よう ぶん）

▶ 消化された栄養分は小腸で吸収される。

白血球
（はっ けっ きゅう）

生物 動物の生活と生物の進化　　ランク C 👑

131　出血したときに血液を固める血液成分Ⓐを何という?

生物 動物の生活と生物の進化　　ランク C 👑

132　外界から刺激を受けとる器官を何という?

生物 動物の生活と生物の進化　　ランク C 👑

133　目のつくりで, Ⓐを何という?

生物 動物の生活と生物の進化　　ランク C 👑

134　脳とせきずいからなる神経を何という?

生物 動物の生活と生物の進化　　ランク C 👑

135　中枢神経から枝分かれし, 感覚神経と運動神経などからなる神経を何という?

血小板

感覚器官

▶ 目, 耳, 鼻, 皮膚, 舌などがある。

ひとみ

▶ 虹彩に囲まれた部分。
▶ 明るいところでは小さく, 暗いところでは大きくなる（反射）。

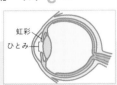

中枢神経

▶ 判断や命令などを行う。

末しょう神経

▶ 感覚神経は感覚器官から中枢神経へ信号を伝え, 運動神経は中枢神経から運動器官へ信号を伝える。

136 いろいろな骨が組み合わさったり, 関節でつながったりして, からだを支えるつくりを何という?

137 は虫類の体表は何でおおわれている?

138 両生類の成体(親)の呼吸のしかたは, 肺呼吸と何呼吸?

139 は虫類, 鳥類, 哺乳類の呼吸のしかたを何呼吸という?

140 親が卵をうみ, 卵から子がかえるうまれ方を何という?

骨格

▶ からだを支え，内臓や脳などを保護する。
▶ 骨格と筋肉がはたらき合って，手や足などの運動器官が動く。

うろこ

▶ は虫類の体表は，かたいうろこにおおわれていて，乾燥に強い。

皮膚呼吸

▶ 両生類は，幼生（子）のときはえら呼吸，成体（親）は肺呼吸
　と皮膚呼吸を行う。

肺呼吸

▶ は虫類，鳥類，哺乳類は，一生肺呼吸を行う。

卵生

▶ 魚類・両生類は，水中に殻のない卵をうむ。
▶ は虫類・鳥類は，陸上に殻のある卵をうむ。

生物 動物の生活と生物の進化　　ランク C 👑

141 ウサギやイヌ，イルカなどの脊椎動物を何類という？

生物 動物の生活と生物の進化　　ランク C 👑

142 哺乳類では，親がうまれた子を育てるためにしばらくの間，何を与える？

生物 動物の生活と生物の進化　　ランク C 👑

143 シマウマで，草をすりつぶすのに適した歯Ⓐを何という？

生物 動物の生活と生物の進化　　ランク C 👑

144 節足動物は，外骨格の内側についている何のはたらきでからだやあしを動かす？

生物 動物の生活と生物の進化　　ランク C 👑

145 最初に出現した脊椎動物は何類？

哺乳類

▶ 恒温動物で肺呼吸をする。子のうまれ方は胎生。体表は毛でおおわれている。

乳

▶ 哺乳類は乳で子を育てる。

臼歯

▶ 草食動物は，臼歯や門歯（草をかみ切るのに適する）が発達している。

筋肉

▶ 節足動物は，外骨格の内側に筋肉がついている。

魚類

▶ 脊椎動物の中では，魚類の化石が最も古い地層から出現し，両生類，は虫類，哺乳類，鳥類の順に新しい地層に出現するようになる。

生物 動物の生活と生物の進化　　　ランク C ☖

146　脊椎動物が，肺呼吸をしたり殻のある卵をうんだりするのは，どこで生活するのに適している？

生物 生命の連続性　　　ランク C ☖

147　生物のからだをつくる細胞の細胞分裂を何という？

生物 生命の連続性　　　ランク C ☖

148　動物の有性生殖で，雄の生殖細胞を何という？

生物 生命の連続性　　　ランク C ☖

149　すべて同じ遺伝子をもち，まったく同じ形質の個体の集団を何という？

生物 自然と人間　　　ランク C ☖

150　ある生態系で，最も数量が多いのは，草食動物，肉食動物，植物のうちどれ？

陸上

▶ 脊椎動物は，水中生活する魚類から両生類へ，さらに陸上生活するは虫類，哺乳類，鳥類へと進化した。

体細胞分裂

▶ 体細胞分裂の前後で染色体の数は変わらない。

精子

▶ 雄の生殖細胞の精子は，精巣でつくられる。
▶ 雌の生殖細胞の卵は，卵巣でつくられる。

クローン

植物

▶ 食べる生物よりも食べられる生物のほうが数量が多い。

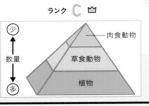

生物　自然と人間　　　　　　ランク C

151 抗生物質のペニシリンは，何という微生物から発見された物質？

生物　自然と人間　　　　　　ランク C

152 下水処理場で，微生物のはたらきを活発にするために，水に何をふきこむ？

生物　自然と人間　　　　　　ランク C

153 図は，何の循環を表している？

大気中
生産者　消費者　消費者
分解者
← 有機物の流れ
← 無機物の流れ

生物　自然と人間　　　　　　ランク C

154 大気の上空に存在する，太陽からの有害な紫外線を吸収する層を何という？

生物　自然と人間　　　　　　ランク C

155 予想される自然災害の被害の範囲や避難場所などの情報を地図上に表したものを何という？

アオカビ

▶ アオカビは，カビやキノコのなかまの菌類。

空気（酸素）

▶ 細菌類などの微生物は，呼吸によって有機物を無機物に分解する。これを利用して，有機物をふくむ水を浄化している。

炭素

▶ 炭素は，呼吸や光合成，食物連鎖などによって，無機物（二酸化炭素）や有機物に形を変えて，生態系を循環している。

オゾン層

▶ フロンガスによって上空のオゾン層の量が減ってオゾンホールができると，地上に届く紫外線の量が増加する。

ハザードマップ

▶ 火山の噴火，津波，洪水，土砂災害などのハザードマップがある。

156
うすい塩酸に亜鉛(あえん)を加えると発生する気体は?

157
化学変化の前後で, 物質全体の質量は変わらないことを何の法則という?

158
水にとかしたとき, 電流が流れる物質を何という?

159
物質が水にとけたとき, 陽イオンと陰イオンに分かれることを何という?

160
水溶液(すいようえき)がアルカリ性を示すのは, 何というイオンがあるから?

水素

▶ 無色・無臭。燃える気体で，燃えると水ができる。
▶ 水にとけにくく，物質の中で最も密度が小さい。

質量保存の法則

▶ 化学変化の前後で，反応に関係する物質の原子の種類や数は変わらないので，物質全体の質量も変わらない。

電解質

▶ 例 塩化ナトリウム，塩化銅，塩化水素，水酸化ナトリウム

電離

▶ 電解質は水にとけると電離する。

例 $\underset{\text{塩化水素}}{HCl} \rightarrow \underset{\text{水素イオン}}{H^+} + \underset{\text{塩化物イオン}}{Cl^-}$

水酸化物イオン

▶ 水にとかすと水酸化物イオンOH⁻を生じる物質をアルカリという。

161 炭素をふくみ，燃えると二酸化炭素と水を生じる物質を何という?

162 石灰水を白くにごらせる気体は?

163 二酸化マンガンにオキシドール（うすい過酸化水素水）を加えると発生する気体は?

164 空気中に体積で約78%をしめる気体は?

165 右の図の気体の集め方を何という?

気体

水

有機物

- ▶ 例　砂糖, デンプン, プラスチック, エタノール
- ▶ 有機物以外の物質を無機物という。

二酸化炭素

- ▶ 無色・無臭。空気より密度が大きい。
- ▶ 水に少しとけ, 水溶液（炭酸水）は弱い酸性。
- ▶ 石灰石にうすい塩酸を加えると発生する。

酸素

- ▶ 無色・無臭。水にとけにくく, 空気より少し密度が大きい。
- ▶ 物質を燃やすはたらきがある。

窒素

- ▶ 無色・無臭。水にとけにくく, 空気より少し密度が小さい。
- ▶ 常温では, ほかの物質とほとんど反応しない。

水上置換法

- ▶ 水にとけにくい気体を集めるときの方法。
- ▶ 例　水素, 酸素, 二酸化炭素

166 液体にとけている物質を何という?

167 物質をとかしている液体を何という?

168 固体の物質を水にとかし, 再び結晶としてとり出すことを何という?

169 物質が, 温度によって固体・液体・気体とその状態を変えることを何という?

170 固体がとけて液体に変化するときの温度を何という?

溶質

▸ 例 砂糖水では，砂糖が溶質。

溶媒

▸ 例 砂糖水では，水が溶媒。

再結晶

▸ 再結晶の方法　①水溶液を冷やす…硝酸カリウム，ミョウバン，
　　　　　　　　　　　　　　　　　ホウ酸，硫酸銅
　　　　　　　　②水を蒸発させる…塩化ナトリウム

状態変化

▸ 物質が状態変化するとき，体積は変化するが，質量は変化しない。

融点

▸ 純粋な物質では，物質の種類によって決まった値を示す。
　例 水…0℃，エタノール…－115℃
▸ 物質の量には関係ない。

171 液体を加熱して沸騰させ，出てくる気体を冷やして再び液体を集める方法を何という？

172 1つの物質から2つ以上の別の物質ができる化学変化を何という？

173 炭酸水素ナトリウムを加熱すると，二酸化炭素と水と何に分解される？

174 物質をつくっていて，それ以上分けることができない小さな粒子を何という？

175 酸化物が酸素をうばわれる化学変化を何という？

化学　身の回りの物質　ランク A 👑👑👑

蒸留
（じょうりゅう）

▶ 蒸留では，液体の混合物を沸点（ふってん）のちがいによってそれぞれの物質に分けることができる。

化学　化学変化と原子・分子　ランク A 👑👑👑

分解
（ぶんかい）

▶ 物質を加熱して分解する熱分解（ねつぶんかい）と，物質に電気を通して分解する電気分解（でんきぶんかい）がある。

化学　化学変化と原子・分子　ランク A 👑👑👑

炭酸ナトリウム

▶ 炭酸水素ナトリウム→炭酸ナトリウム＋二酸化炭素＋水
▶ 炭酸ナトリウムは白色の固体。

化学　化学変化と原子・分子　ランク A 👑👑👑

原子
（げんし）

▶ 原子の性質…①化学変化でそれ以上分けられない。②化学変化でなくなったり，新しくできたり，ほかの原子に変わったりしない。③種類によって質量や大きさが決まっている。

化学　化学変化と原子・分子　ランク A 👑👑👑

還元
（かんげん）

▶ 還元が起こっているときは，酸化も同時に起こっている。

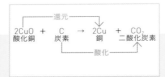

$$2CuO + C \rightarrow 2Cu + CO_2$$
酸化銅　　炭素　　　銅　　二酸化炭素

（還元／酸化）

化学 化学変化とイオン ランク A 👑👑👑

176 塩酸を電気分解したとき，陽極から発生する気体は？

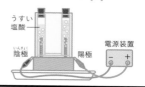

うすい塩酸

陰極　陽極

電源装置

化学 化学変化とイオン ランク A 👑👑👑

177 電池は，物質のもつ何エネルギーを電気エネルギーに変換している？

| ? | → 電気エネルギー |

化学 化学変化とイオン ランク A 👑👑👑

178 塩化銅水溶液を電気分解したとき，陰極の表面に付着する物質は？

陰極　陽極

塩化銅水溶液

化学 化学変化とイオン ランク A 👑👑👑

179 水の電気分解とは逆の化学変化を利用して，電気エネルギーを直接とり出す電池を何という？

化学 化学変化とイオン ランク A 👑👑👑

180 BTB溶液を黄色に変える水溶液の性質は？

塩素

▶ 塩酸を電気分解すると，陽極から塩素，陰極から水素が発生。
▶ 塩素の性質…プールの消毒剤のような刺激臭がある。空気より密度が大きい。水にとけやすい。漂白作用がある。

化学エネルギー

▶ 物質がもともともっているエネルギーを化学エネルギーという。

銅

▶ 塩化銅水溶液を電気分解すると，陰極に銅，陽極に塩素が発生。

$$\underset{\text{塩化銅}}{CuCl_2} \rightarrow \underset{\text{銅}}{\overset{\text{陰極}}{Cu}} + \underset{\text{塩素}}{\overset{\text{陽極}}{Cl_2}}$$

燃料電池

▶ $\underset{\text{水素}}{2H_2} + \underset{\text{酸素}}{O_2} \rightarrow \underset{\text{水}}{2H_2O} + $ 電気エネルギー

▶ 水ができるだけで，有害な物質を発生しない。

酸性

▶ 青色リトマス紙を赤色に変える。
▶ 水素イオン（H^+）をふくむ。
▶ マグネシウムなどの金属を入れると，水素が発生する。

181 赤色リトマス紙を青色に変える水溶液の性質は？

182 酸の陰イオンとアルカリの陽イオンが結びついてできる物質を何という？

183 物質1cm^{3}あたりの質量を何という？

184 5cm^{3}で13.5gの金属Aがある。金属Aは右の表のどれ？

金属	密度（g/cm³）
アルミニウム	2.70
鉄	7.87
銅	8.96

185 水道管などに利用される，記号がPVCのプラスチックは何？

アルカリ性

▸ BTB溶液を青色に変える。
▸ フェノールフタレイン溶液を赤色に変える。
▸ 水酸化物イオン（OH⁻）をふくむ。

塩

▸ 中和では，酸とアルカリが反応して水と塩ができる。

例　<u>塩酸</u> ＋ <u>水酸化ナトリウム水溶液</u> → 水 ＋ <u>塩化ナトリウム</u>
　　酸　　　　　アルカリ　　　　　　　　　　　　　　塩

密度

▸ 密度〔g/cm³〕＝$\dfrac{質量〔g〕}{体積〔cm³〕}$で求められる。
▸ 物質の種類によって密度は決まっている。

アルミニウム

▸ 金属Aの密度は，$\dfrac{13.5〔g〕}{5〔cm³〕}$＝2.70〔g/cm³〕

ポリ塩化ビニル

▸ プラスチックは，一般に軽い，加工しやすい，電気を通しにくい，さびない，くさりにくいなどの性質がある。
▸ ポリ塩化ビニルは燃えにくく，水に沈む。

186
食品の容器などに利用される，記号がPSの
プラスチックは何？

187
塩化アンモニウムと水酸化カルシウムの混合
物を加熱すると発生する気体は？

188
右の図の気体の集め方を何と
いう？

気体
→

189
塩酸の溶質は？

190
100gの水にとけることができる限度の物質の
質量を何という？

ポリスチレン

▶ 水に沈む。発泡ポリスチレンは空気をふくむため水に浮く。

アンモニア

▶ 無色。刺激臭がある。
▶ 空気より密度が小さい。
▶ 水に非常にとけやすく，水溶液はアルカリ性。

上方置換法

▶ 水にとけやすく，空気より密度が小さい気体を集める方法。
　例 アンモニア

塩化水素

▶ 塩化水素は無色で刺激臭がある気体。空気より密度が大きい。
▶ 水に非常にとけやすく，水溶液（塩酸）は酸性。

溶解度

▶ 物質の種類と水の温度によって決まっている。
▶ 物質が溶解度までとけている水溶液を飽和水溶液という。

191 いくつかの平面で囲まれた規則正しい形の固体を何という？

---

192 ろ紙などを使って，液体と固体を分けることを何という？

---

193 液体が沸騰して気体に変化するときの温度を何という？

---

194 液体を加熱するときに入れるⒶを何という？

---

195 水にふれると青色から赤色に変わる試験紙を何という？

化学 身の回りの物質　　ランク B 👑👑

結晶 けっしょう

▶ 物質によって形や色がちがう。

塩化ナトリウム　硝酸カリウム

化学 身の回りの物質　　ランク B 👑👑

ろ過

▶ ろうとのあしのとがったほうをビーカーの壁につける。
▶ 液はガラス棒を伝わらせて注ぐ。

ガラス棒
ろ紙
ろうと

化学 身の回りの物質　　ランク B 👑👑

沸点 ふってん

▶ 純粋な物質では、物質の種類によって決まった値を示す。
　例 水…100℃，エタノール…78℃
▶ 物質の量には関係ない。

化学 身の回りの物質　　ランク B 👑👑

沸騰石 ふっとうせき

▶ 加熱中に液体が急に沸騰する（突沸）のを防ぐ。

化学 化学変化と原子・分子　　ランク B 👑👑

塩化コバルト紙

▶ 青色の塩化コバルト紙は、水にふれると赤色（桃色）に変化する。

196 1種類の原子からできている物質を何という？

197 純粋（じゅんすい）な物質で，2種類以上の原子からできている物質を何という？

198 物質を構成する原子の種類を何という？

199 硫化鉄（りゅうかてつ）にうすい塩酸を加えると発生する気体は？

200 物質が酸素と化合する化学変化を何という？

化学 化学変化と原子・分子 ランク B 🏳🏳

単体
たん たい

▶ 例 水素H_2, 酸素O_2, 銅Cu, 炭素C

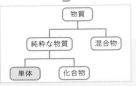

化学 化学変化と原子・分子 ランク B 🏳🏳

化合物
か ごう ぶつ

▶ 例 水H_2O, 二酸化炭素CO_2, 塩化ナトリウム$NaCl$

化学 化学変化と原子・分子 ランク B 🏳🏳

元素
げん そ

▶ 元素を表す記号を元素記号という。
▶ 例 水素H, 酸素O, ナトリウムNa

化学 化学変化と原子・分子 ランク B 🏳🏳

硫化水素
りゅう か すい そ

▶ 無色。卵が腐ったような特有のにおいがある有毒な気体。
▶ 火山ガスにふくまれる。

化学 化学変化と原子・分子 ランク B 🏳🏳

酸化
さん か

▶ 酸化によってできた物質を酸化物という。
▶ 例 銅の酸化 $\underset{銅}{2Cu} + \underset{酸素}{O_2} \rightarrow \underset{酸化銅}{2CuO}$

201 物質が，熱や光を出しながら激しく酸化する化学変化を何という？

202 銅を加熱してできる，黒色の物質を何という？

203 砂糖が燃えると二酸化炭素が発生するのは，成分として何の原子をふくむから？

204 化学かいろは，何が酸化するときに出る熱を利用したもの？

205 塩化ナトリウムが電離したときに生じる陽イオンは？

燃焼 _{ねん しょう}

▶ 例 マグネシウムの燃焼

$$2Mg + O_2 → 2MgO$$
マグネシウム　　酸素　　酸化マグネシウム

酸化銅

▶ 赤色の銅が，空気中の酸素と化合して黒色の酸化銅ができる。
銅　+　酸素　→　酸化銅
加熱後の質量は，加熱前より化合した酸素の分だけ増える。

炭素

▶ 砂糖などの有機物が燃えると，炭素と酸素が結びついて二酸化炭素ができる。

鉄

▶ 化学かいろは，鉄が空気中の酸素と化合するときに熱が出て温度が上がる発熱反応を利用している。
鉄　+　酸素　→　酸化鉄　+　熱

ナトリウムイオン

▶ 塩化ナトリウムの電離

$$NaCl → Na^+ + Cl^-$$
塩化ナトリウム　　ナトリウムイオン　　塩化物イオン

📘 **化学**　化学変化とイオン　　　　ランク **B** 🏳️🏳️

206　水にとかしても電流を流さない物質を何という？

📘 **化学**　化学変化とイオン　　　　ランク **B** 🏳️🏳️

207　マグネシウムリボンを入れたとき，気体が発生するのはアンモニア水，塩酸，食塩水のどれ？

📘 **化学**　化学変化とイオン　　　　ランク **B** 🏳️🏳️

208　水溶液が酸性を示すのは，何というイオンがあるから？

📘 **化学**　化学変化とイオン　　　　ランク **B** 🏳️🏳️

209　水溶液にしたとき，水素イオンを生じる化合物を何という？

📘 **化学**　化学変化とイオン　　　　ランク **B** 🏳️🏳️

210　酸の水溶液とアルカリの水溶液を混ぜ合わせたとき，互いの性質を打ち消し合う反応を何という？

非電解質

▶ 例 砂糖, エタノール
▶ 水にとけても電離しない。

塩酸

▶ 塩酸などの酸性の水溶液は, マグネシウムと反応して水素を発生する。

水素イオン

▶ 酸性の水溶液に共通にふくまれ, 酸性の性質を示すものである。

酸

▶ 例 塩化水素HCl, 硫酸H_2SO_4, 硝酸HNO_3など

中和 (反応)

▶ 中和では, 水と塩ができる。
　酸 ＋ アルカリ → 水 ＋ 塩

211 中和で，水素イオンと水酸化物イオンが結びつくと何ができる？

212 硫酸（りゅうさん）と水酸化バリウム水溶液（すいようえき）の中和でできる塩（えん）は？

213 金属をみがくと現れる，特有のかがやきを何という？

214 鉄球（密度7.87g/cm³）が浮（う）くのは，表のどの液体に入れたとき？

物質	密度（g/cm³）
水	1.00
エタノール	0.79
水銀	13.5

215 包装用の袋（ふくろ）やフィルムなどに利用される，記号がPEのプラスチックは何？

水

▸ 酸の水素イオンとアルカリの水酸化物イオンが結びついて水ができる。　H^+　+　OH^-　→　H_2O
　　　　　　　　　水素イオン　　　水酸化物イオン　　　水

硫酸バリウム
りゅう さん

▸ H_2SO_4　+　$Ba(OH)_2$　→　$2H_2O$　+　$BaSO_4$
　　硫酸　　　　水酸化バリウム　　　水　　　　硫酸バリウム

▸ 硫酸バリウムは水にとけにくい塩で，白い沈殿ができる。

金属光沢
きん ぞく こう たく

▸ 金属の性質…①金属光沢をもつ。②電気をよく通す。③熱をよく伝える。④たたくとうすく広がる（展性）。⑤引っ張ると細くのびる（延性）。

水銀

▸ 入れた物質の密度が，液体の密度より大きいと沈み，液体より小さいと浮く。

▸ 水銀は常温で液体の金属。

ポリエチレン

▸ 水に浮く。とけながら燃える。

216 ペットボトルなどに利用される，記号がPET のプラスチックは何？

217 右の図の気体の集め方を何と いう？

気体

218 水上置換法で，はじめに出てくる気体を集め ないのは発生装置内の[　　　]が多く出てくる ため。[　　　]に入ることばは？

219 図は，何の結晶？

220 図は，何の結晶？

📘 **化学**　身の回りの物質　　　ランク C 👑

ポリエチレンテレフタラート

▶ 水に沈む。燃えにくい。

📘 **化学**　身の回りの物質　　　ランク C 👑

下方置換法
か ほう ち かん ほう

▶ 水にとけやすく，空気より密度が大きい気体を集める方法。

例 二酸化炭素

📘 **化学**　身の回りの物質　　　ランク C 👑

空気

▶ 水上置換法では，空気と混ざらない純粋な気体を集めることができる。

📘 **化学**　身の回りの物質　　　ランク C 👑

ミョウバン

▶ 温度による溶解度の差が大きいので，水溶液を冷やして結晶をとり出すことができる。

📘 **化学**　身の回りの物質　　　ランク C 👑

硫酸銅
りゅう さん どう

▶ 青色をしている。
▶ 温度による溶解度の差が大きいので，水溶液を冷やして結晶をとり出すことができる。

📖 化学　身の回りの物質　ランク C 🏳

221 右の図の④の器具を何という?

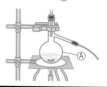

📖 化学　身の回りの物質　ランク C 🏳

222 水とエタノールの混合物の蒸留で, はじめに出てくる液体に多くふくまれているのは?

📖 化学　身の回りの物質　ランク C 🏳

223 実験中に薬品が目に入ったりするのを防ぐために身につけるものは何?

📖 化学　化学変化と原子・分子　ランク C 🏳

224 加熱して物質を分解することを何という?

📖 化学　化学変化と原子・分子　ランク C 🏳

225 ④は, 炭酸水素ナトリウムと炭酸ナトリウムのどちらの水溶液?

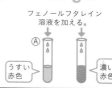

フェノールフタレイン溶液を加える。

④

うすい赤色

濃い赤色

枝つきフラスコ

▶ 蒸留では，温度計の球部を枝の高さにする。

エタノール

▶ 先に沸点の低いエタノールを多くふくむ液体が出てくる。
（エタノール：沸点78℃，水：沸点100℃）

安全めがね

熱分解

▶ 例　酸化銀の熱分解

$$2Ag_2O \rightarrow 4Ag + O_2$$
　酸化銀　　　　銀　　　酸素

炭酸水素ナトリウム

▶ 炭酸水素ナトリウムは，炭酸ナトリウムより水にとけにくく，
水溶液は弱いアルカリ性なので，うすい赤色になる。

📖 **化学**　化学変化と原子・分子　　ランク C 🏳

226　いくつかの原子が結びつき，物質の性質を示す最小の粒子を何という？

📖 **化学**　化学変化と原子・分子　　ランク C 🏳

227　スチールウールが燃えてできた黒色の物質を何という？

📖 **化学**　化学変化と原子・分子　　ランク C 🏳

228　化学変化で出入りする熱を何という？

📖 **化学**　化学変化と原子・分子　　ランク C 🏳

229　化学かいろは，化学エネルギーを何エネルギーに変えて利用している？

化学エネルギー　→　| 　？　|

📖 **化学**　化学変化と原子・分子　　ランク C 🏳

230　　Ⓐ　と水酸化バリウムを混ぜると，アンモニアを発生して温度が下がる。
Ⓐに入る物質は？

分子
_{ぶん} _し

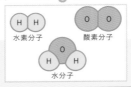

▶ 物質の性質を示す最小の粒子。

▶ 分子をつくらない物質もある。

酸化鉄

▶ スチールウール（鉄）は，燃えると酸素と結びついて酸化鉄に
なる。

　　鉄　＋　酸素　→　酸化鉄

反応熱

▶ 熱を発生する化学変化を発熱反応，熱を吸収する化学変化を吸
熱反応という。

熱エネルギー

▶ 化学かいろでは，反応する物質がもっている化学エネルギーが，
化学変化によって熱エネルギーに変わっている。

塩化アンモニウム

▶ 塩化アンモニウムと水酸化バリウムの反応は吸熱反応で，まわ
りから熱を吸収するため，温度が下がる。

231 原子が＋，または－の電気を帯びた粒子を何という？

232 塩化銅が電離したときに生じる陰イオンは？

233 原子の中心にある④を何という？

234 原子核をつくる＋の電気をもった粒子④を何という？

235 原子をつくる－の電気をもった粒子④を何という？

イオン

▶ 原子が電子を失って＋の電気を帯びた粒子を陽イオン，原子が電子を受けとって－の電気を帯びた粒子を陰イオンという。

塩化物イオン

▶ 塩化銅の電離

$$CuCl_2 \rightarrow Cu^{2+} + 2Cl^-$$
塩化銅　　　銅イオン　　塩化物イオン

原子核

▶ 原子核は，陽子と中性子からなる。
▶ 原子核全体では＋の電気を帯びている。

陽子
原子核
中性子

陽子

▶ 原子核をつくる陽子は＋の電気をもつが，中性子は電気をもたない。

陽子
原子核
中性子

電子

▶ ＋の電気をもつ陽子の数と－の電気をもつ電子の数が等しいので，原子全体では電気を帯びていない。

化学 化学変化とイオン　　ランク C

236 電解質の水溶液に2種類の金属を入れて導線でつなぎ，電流がとり出せるようにしたものを何という？

化学 化学変化とイオン　　ランク C

237 右の電池で，一極になるのはどちらの金属？

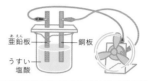

亜鉛板　　銅板
うすい塩酸

化学 化学変化とイオン　　ランク C

238 酸性で黄色，中性で緑色，アルカリ性で青色を示す指示薬は？

化学 化学変化とイオン　　ランク C

239 酸性・中性・アルカリ性の強さを数値で表したものを何という？

化学 化学変化とイオン　　ランク C

240 BTB溶液を緑色にする水溶液の性質は？

化学 化学変化とイオン　ランク C ☖

電池

▶ 物質がもつ化学エネルギーを，化学変化によって電気エネルギーに変換している。

化学 化学変化とイオン　ランク C ☖

亜鉛
あ えん

▶ 亜鉛原子Znが亜鉛イオンZn^{2+}になるときに放出された電子は，亜鉛板→導線→銅板と移動するので，亜鉛板が一極になる。

化学 化学変化とイオン　ランク C ☖

BTB溶液
よう えき

▶ リトマス紙は，酸性で青色→赤色，中性で変化なし，アルカリ性で赤色→青色。フェノールフタレイン溶液は，酸性・中性で無色，アルカリ性で赤色を示す。

化学 化学変化とイオン　ランク C ☖

pH(ピーエイチ)

▶ pH7は中性。7より小さいほど酸性が強く，7より大きいほどアルカリ性が強い。

化学 化学変化とイオン　ランク C ☖

中性

▶ 赤色・青色リトマス紙の色は変化しない。
▶ pHは7を示す。

241

Ⓐに入る物質は?

硫酸 ＋ | Ⓐ | → 硫酸バリウム ＋ 水

242

塩酸と水酸化ナトリウム水溶液の中和でできる塩は?

243

気温の変化や風雨などによって岩石がもろくなることを何という?

244

地層が堆積した時代を知ることができる化石を何という?

245

空気中にふくまれる水蒸気が水滴になり始める温度を何という?

化学 化学変化とイオン ランク C 👑

水酸化バリウム

▶ 硫酸に水酸化バリウム水溶液を加えると，硫酸バリウムの白い沈殿ができる。

化学 化学変化とイオン ランク C 👑

塩化ナトリウム

▶ HCl + $NaOH$ → H_2O + $NaCl$
　塩酸　　水酸化ナトリウム　　水　　塩化ナトリウム

▶ 塩化ナトリウムは，水溶液中では電離している。

地学 大地の変化 ランク S

風化

地学 大地の変化 ランク S

示準化石

▶ 広い範囲に生息し，短い期間栄えて絶滅した生物の化石が適する。

アンモナイト
（中生代）

ビカリア
（新生代）

地学 天気の変化 ランク S

露点

▶ 露点では，$1m^3$の空気中にふくまれている水蒸気の質量が，その温度での飽和水蒸気量（$1m^3$の空気がふくむことのできる水蒸気の最大質量）に等しい。

地学　天気の変化　ランク S

246 日本列島付近の上空を，西から東に向かってふく風を何という？

地学　地球と宇宙　ランク S

247 惑星（わくせい）のまわりを公転（こうてん）する天体を何という？

地学　大地の変化　ランク A 👑👑👑

248 火山の地下にある，高温で岩石がどろどろにとけたものを何という？

地学　大地の変化　ランク A 👑👑👑

249 火山ガスの主成分は？

地学　大地の変化　ランク A 👑👑👑

250 図の火成岩（かせいがん）でⒶの部分を何という？

地学　天気の変化　ランク

偏西風
へん　せい　ふう

▶ 偏西風の影響で，日本付近の天気も西から東へ移り変わること
が多い。

地学　地球と宇宙　ランク

衛星
えい　せい

▶ 月は，地球の衛星。

地学　大地の変化　ランク A 👑👑👑

マグマ

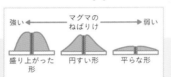

▶ マグマのねばりけによ
って，火山の形が異な
る。

地学　大地の変化　ランク A 👑👑👑

水蒸気
すい　じょう　き

▶ 火山ガスはマグマから出てきた気体。ほかに二酸化炭素や二酸
化硫黄などもふくまれる。

地学　大地の変化　ランク A 👑👑👑

石基
せっ　き

▶ マグマが急に冷え固まって結晶になれなかった部分。火山岩で
見られる。
▶ マグマが冷え固まってできた岩石を火成岩という。

🌋 **地学** 大地の変化　　　　　ランク A 👑👑👑

251　図の火成岩のつくりを何という？

🌋 **地学** 大地の変化　　　　　ランク A 👑👑👑

252　図の火成岩のつくりを何という？

🌋 **地学** 大地の変化　　　　　ランク A 👑👑👑

253　図の⒜のゆれを何という？

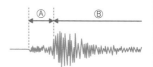

🌋 **地学** 大地の変化　　　　　ランク A 👑👑👑

254　図の⒝のゆれを何という？

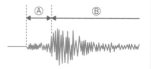

🌋 **地学** 大地の変化　　　　　ランク A 👑👑👑

255　地震のゆれの大きさを表すものを何という？

地学 大地の変化 ランク A ☖☖☖

斑状組織
▶ 石基と斑晶からなる。火山岩のつくり。

石基

斑晶

地学 大地の変化 ランク A ☖☖☖

等粒状組織
▶ 同じくらいの大きさの鉱物が組み合わさっている。深成岩のつくり。

地学 大地の変化 ランク A ☖☖☖

初期微動
▶ 地震ではじめにくる小さなゆれ。P波によって起こる。

地学 大地の変化 ランク A ☖☖☖

主要動
▶ 地震で，初期微動に続いて起こる大きなゆれ。S波が到達すると起こる主要動は，P波とS波が合成しているゆれです。

地学 大地の変化 ランク A ☖☖☖

震度
▶ 0～7の10段階で表す（5，6には強と弱がある）。
▶ ふつう，震央に近いほど震度は大きくなる。

256

地層に力がはたらいて，地層がずれたものを何という？

257

地層ができた当時の環境を知ることができる化石を何という？

258

図の大地の変化を何という？

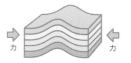

259

寒気と暖気がぶつかり合って，ほぼ動かない前線を何という？

260

日本の夏の天気に影響を与える，気団Ⓐを何という？

地学 大地の変化 ランク A 👑👑👑

断層
だん そう

▶ 過去に生じた断層で，今後も活動して地震を起こす可能性のある断層を活断層という。
じしん
かつだんそう

▲断層（逆断層）

地学 大地の変化 ランク A 👑👑👑

示相化石
し そう か せき

▶ 限られた環境でしかすめない生物の化石が適する。
かんきょう

▶ 例 サンゴ→あたたかく浅い海　アサリ→岸に近い浅い海
シジミ→湖や河口　ブナ→温帯でやや寒冷な地域の陸地

地学 大地の変化 ランク A 👑👑👑

しゅう曲
きょく

▶ 地層に力がはたらいて，地層が波打つようにおし曲げられたもの。

地学 天気の変化 ランク A 👑👑👑

停滞前線
てい たい ぜん せん

▶ 記号は —●▲—●▲—

▶ つゆの時期にできる停滞前線は梅雨前線，秋のはじめにできる停滞前線は秋雨前線とよばれる。
ばいうぜんせん
あきさめぜんせん

地学 天気の変化 ランク A 👑👑👑

小笠原気団
お がさ わら き だん

▶ あたたかくて，湿った気団。夏に発達する。
しめ

地学　天気の変化　　ランク A 👑👑👑

261　日本の冬の天気に影響を与える，気団Ⓐを何という？

地学　天気の変化　　ランク A 👑👑👑

262　冬によく見られる気圧配置を何という？

地学　地球と宇宙　　ランク A 👑👑👑

263　星座をつくる星や太陽のように，みずから光を出す天体を何という？

地学　地球と宇宙　　ランク A 👑👑👑

264　太陽系をふくむ多数の恒星などの集まりを何という？

地学　地球と宇宙　　ランク A 👑👑👑

265　太陽の表面に見られる，黒い斑点のような部分を何という？

🗻 地学　天気の変化　　　ランク A 👑👑👑

シベリア気団

▸ 冷たくて, 乾燥した気団。冬に発達する。

🗻 地学　天気の変化　　　ランク A 👑👑👑

西高東低

▸ 西の大陸上に高気圧 (シベリア高気圧), 日本列島の東の海上
に低気圧がある。

🗻 地学　地球と宇宙　　　ランク A 👑👑👑

恒星

▸ 恒星までの距離は光年で表す。1光年は光が1年間に進む距離。

🗻 地学　地球と宇宙　　　ランク A 👑👑👑

銀河系

▸ 太陽をふくむ1000億～2000億個の恒星が, 渦を巻いた円盤状
の形に分布している。

🗻 地学　地球と宇宙　　　ランク A 👑👑👑

黒点

▸ まわりより温度が低い部分。(表面約6000℃, 黒点約4000℃)
▸ 黒点の観察…①黒点が移動→太陽は自転している。②端にいく
と黒点の形がゆがむ→太陽は球形。

266 太陽系で，最も大きい惑星は？

267 地球が1日に1回，地軸を中心に回転する運動を何という？

268 太陽や星が1日に1回，地球のまわりを東から西へ回っているように見える動きを何という？

269 天球上の太陽の通り道を何という？

270 火山噴出物のうち，直径2mm以下の粒を何という？

木星

▶ おもに水素とヘリウムからなる気体でできている。

（地球の）自転

▶ 地球は西から東へ自転している。
▶ 地軸は地球の北極と南極を結ぶ軸。

日周運動

▶ 地球の自転による見かけの動き。1時間に約15°東から西へ動いて見える。

北の空の星の動き▶

黄道

▶ 地球の公転によって，太陽は天球上を西から東へ，1年で1周するように見える。

火山灰

▶ 火山噴出物は，マグマがもとになってできたもの。

271　火山灰などにふくまれている粒で，マグマが冷えて結晶になったものを何という？

272　黒っぽい色で，うすくはがれやすい鉱物を何という？

273　無色か白っぽい色で，不規則に割れる鉱物を何という？

274　マグマが地表や地表付近で，急に冷え固まってできた火成岩を何という？

275　マグマが地下深くで，ゆっくり冷え固まってできた火成岩を何という？

地学 大地の変化　　　ランク B 👑👑

鉱物
こう ぶつ

▶ 白っぽいものを無色鉱物，黒っぽいものを有色鉱物という。

地学 大地の変化　　　ランク B 👑👑

黒雲母
くろ うん も

地学 大地の変化　　　ランク B 👑👑

石英
せき えい

地学 大地の変化　　　ランク B 👑👑

火山岩
か ざん がん

▶ 火山岩には流紋岩，安山岩，玄武岩がある。
白っぽい ⟵──────⟶ 黒っぽい

▶ 岩石のつくりは斑状組織。

地学 大地の変化　　　ランク B 👑👑

深成岩
しん せい がん

▶ 深成岩には花こう岩，せん緑岩，斑れい岩がある。
白っぽい ⟵──────⟶ 黒っぽい

▶ 岩石のつくりは等粒状組織。

114

276 図の火成岩で，Ⓐを何という？

277 震源の真上の地表の地点Ⓐを何という？

278 地震の規模を表すものを何という？

279 陸地に降った雨水や流水によって，岩石がけずられることを何という？

280 地層が長い時間をかけておし固められてできた岩石を何という？

斑晶
はん しょう

▸ 火山岩のつくり（斑状組織）で見られる大きな鉱物。

震央
しん おう

▸ 震源は，地下の地震が発生した場所。

マグニチュード

▸ 震源の深さが同じ場合，マグニチュードが大きい地震ほど震央付近の震度は大きく，大きなゆれを感じる範囲が広い。

侵食
しん しょく

▸ 水の流れの速い川の上流では侵食がさかん。

堆積岩
たい せき がん

▸ 例 れき岩，砂岩，泥岩，石灰岩，チャート，凝灰岩
▸ 化石をふくむことがある。

地学 大地の変化 ランク B ☗☗

281 火山灰などが堆積して固まった岩石を何という？

地学 大地の変化 ランク B ☗☗

282 うすい塩酸をかけると，二酸化炭素を発生する堆積岩は何？

地学 大地の変化 ランク B ☗☗

283 生物の死がいなどからできていて，とてもかたく，うすい塩酸をかけてもとけない堆積岩は何？

地学 大地の変化 ランク B ☗☗

284 サンヨウチュウの化石をふくむ地層が堆積した地質年代はいつ？

地学 天気の変化 ランク B ☗☗

285 空気中の水蒸気が冷やされて水滴になることを何という？

地学　大地の変化　ランク B 👑👑

凝灰岩
ぎょう かい がん

▸ 火山噴出物（火山灰，火山れき，軽石など）からできている。
粒は角ばっている。

地学　大地の変化　ランク B 👑👑

石灰岩
せっ かい がん

▸ 石灰質（炭酸カルシウム）の殻をもつ生物の死がいや海水中の
石灰分などからできている。

地学　大地の変化　ランク B 👑👑

チャート

▸ ケイ酸質（二酸化ケイ素）の殻をもつ生物の死がいなどからで
きている。
▸ うすい塩酸をかけても気体は発生しない。

地学　大地の変化　ランク B 👑👑

古生代
こ せい だい

▸ サンヨウチュウやフズリナの化石は，古生代の示準化石。

地学　天気の変化　ランク B 👑👑

凝結
ぎょう けつ

▸ 空気中にふくまれる水蒸気が凝結し始める温度を露点という。

286　空気の湿りぐあいを数値（%）で表したもの
　　を何という？

287　地球上の水が循環するのは，何のエネルギ
　　ーによってもたらされる？

288　気圧が同じ地点を結んだ曲線を何という？

289　寒気が暖気をおし
　　上げながら進む前
　　線Ⓐは？

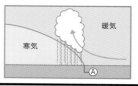

290　寒冷前線付近にできる，強い上昇気流によ
　　って発達する雲を何という？

湿度

▶ 湿度〔%〕＝ $\dfrac{空気1m^3中にふくまれる水蒸気の質量〔g/m^3〕}{その空気と同じ気温での飽和水蒸気量〔g/m^3〕} \times 100$

太陽（のエネルギー）

▶ 地球上の水は，地表から蒸発して水蒸気になる→水滴や氷の粒に変化して雲をつくる→雨や雪などの降水で地表にもどる をくり返して循環している。

等圧線

▶ 等圧線の間隔がせまいほど，風が強い。

寒冷前線

▶ 記号 ▲▲▲ 前線面には積乱雲ができる。
▶ 通過時はせまい範囲に強い雨が短時間降る。通過後は気温が急に下がり，風が北寄りに変わる。

積乱雲

▶ 垂直方向に発達する雲で，雷をともなうような激しい雨を降らせる。

地学　天気の変化　ランク B 👑👑

291 暖気が寒気の上に
はい上がって進む
前線Ⓐは？

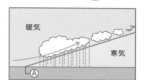

暖気
寒気
Ⓐ

地学　地球と宇宙　ランク B 👑👑

292 固定した望遠鏡で太陽を観察すると太陽の像が動くのは，何が自転しているから？

太陽の像

地学　地球と宇宙　ランク B 👑👑

293 太陽に最も近い，太陽系の惑星は？

地学　地球と宇宙　ランク B 👑👑

294 天体の位置や動きを表す見かけ上の球形の天井を何という？

地学　地球と宇宙　ランク B 👑👑

295 地球が太陽のまわりを1年で1周する運動を何という？

北極
春分
冬至
太陽
地球
夏至
秋分

地学　天気の変化　ランク B 👑👑

温暖前線

▶ 記号 ▬●▬●▬▲▬▲　前線面には乱層雲などができる。
▶ 通過時は広い範囲におだやかな雨が長時間降り続く。通過後は気温が上がり，風が南寄りに変わる。

地学　地球と宇宙　ランク B 👑👑

地球

▶ 地球の自転によるみかけの動き。

地学　地球と宇宙　ランク B 👑👑

水星

▶ 太陽系で最も小さい。表面にはクレーターが見られる。
▶ 水星や金星のように地球より内側を公転する内惑星は，真夜中に見えない。

地学　地球と宇宙　ランク B 👑👑

天球

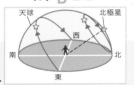

▶ 天球の中心は観測者の位置。

天球上の星の動き ▶

地学　地球と宇宙　ランク B 👑👑

（地球の）公転

▶ 地球は北極側から見て反時計回りに公転している。
▶ 地球の公転によって同じ時刻に見える星座の位置が変わる。
▶ 地軸を傾けたまま公転しているため，季節の変化が生じる。

地学　地球と宇宙　ランク B 🏵🏵

296 天体が真南（子午線）にきたときの高度Ⓐを何という？

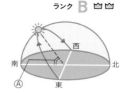

地学　地球と宇宙　ランク B 🏵🏵

297 日食は、太陽が何によってかくされる現象？

地学　地球と宇宙　ランク B 🏵🏵

298 月が地球の影の中に入る現象を何という？

地学　大地の変化　ランク C 🏵

299 火山灰や岩石にふくまれる、白っぽい鉱物を何という？

地学　大地の変化　ランク C 🏵

300 火山灰や岩石にふくまれる、黒っぽい鉱物を何という？

地学　地球と宇宙　ランク B 👑👑

南中高度
なん ちゅう こう ど

▶ 北半球では，太陽の南中高度は夏至で最も高く，冬至で最も低くなる。

夏至
春分・秋分
冬至
西
南
北
（日本付近の場合）　東　南中高度

地学　地球と宇宙　ランク B 👑👑

月
つき

▶ 日食は，太陽，月，地球の順に一直線上に並んだとき（新月のとき）に起こる。
にっしょく

地学　地球と宇宙　ランク B 👑👑

月食
げっ しょく

▶ 太陽，地球，月の順に一直線上に並んだとき（満月のとき）に起こる。

地学　大地の変化　ランク C 👑

無色鉱物
む しょく こう ぶつ

▶ 例　石英，長石
せきえい　ちょうせき
▶ ねばりけの強いマグマが冷えた岩石に多くふくまれる。
▶ 無色鉱物を多くふくむ岩石の色は白っぽい。

地学　大地の変化　ランク C 👑

有色鉱物
ゆう しょく こう ぶつ

▶ 例　黒雲母，カクセン石，輝石，カンラン石
くろうんも　　　　　　　　　きせき
▶ ねばりけの弱いマグマが冷えた岩石に多くふくまれる。
▶ 有色鉱物を多くふくむ岩石の色は黒っぽい。

301 地震の波で伝わる速さが速いのは，P波とS波のどちら？

302 P波が届いてからS波が届くまでの時間を何という？

303 海底の溝状の地形Ⓐを何という？

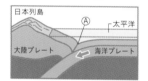

304 流水で運ばれた土砂が水底に堆積してできた岩石のうち，粒の直径が2mm以上のものを何という？

305 地層のようすを図のように表したものを何という？

— 砂の層
— 火山灰の層
— 貝の化石
— れきの層

P波

▶ P波は約5〜7km/s，S波は約3〜5km/sで伝わる。
▶ P波によって初期微動が起こり，S波によって主要動が起こる。

初期微動継続時間

▶ 震源からの距離が大きいほど長くなる。

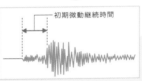

海溝

▶ プレートが沈みこむ場所。

れき岩

▶ 流水で運ばれる間に角がとれて，粒は丸みを帯びている。
▶ れき岩，砂岩，泥岩は粒の大きさで分類される。
　└→2mm〜　└→$\frac{1}{16}$〜2mm　└→〜$\frac{1}{16}$mm　←粒の直径

柱状図

▶ 地層はふつう，上の層ほど新しい層である。

地学　大地の変化　ランク C 👑

306 火山灰の層など，地層の広がりを調べる手がかりとなる層を何という？

地学　天気の変化　ランク C 👑

307 雲のでき方で，□□□□□に入ることばは？
空気が上昇する→空気が□□□□□して温度が下がる→露点以下になり雲が発生

地学　天気の変化　ランク C 👑

308 図のⒶのグラフは気温と湿度のどちらの変化を表している？

気温(℃) 20 15 10 5 0
Ⓐ
0 6 12 18 24
時刻(時)

地学　天気の変化　ランク C 👑

309 晴れの日に，夜になると地面の熱が宇宙空間に逃げて気温が下がることを何という？

地学　天気の変化　ランク C 👑

310 寒気と暖気の境界面Ⓐを何という？

Ⓐ
寒気　暖気

地学 大地の変化 ランク C

かぎ層

▶ 特徴的な化石や岩石の層などもかぎ層になる。

地学 天気の変化 ランク C

膨張

▶ 水蒸気をふくむ空気が上昇すると，上空ほど気圧が低いため，空気は膨張して温度が下がる。気温が露点以下になると，水蒸気が水滴に変化して雲ができる。

地学 天気の変化 ランク C

気温

▶ 晴れの日の気温は午後2時ごろ最高になる。晴れの日の気温と湿度は，逆の変化をする。

地学 天気の変化 ランク C

放射冷却

▶ 晴れの日は雲がないため，地面の熱が宇宙空間に逃げる。

地学 天気の変化 ランク C

前線面

▶ 前線面が地表面と交わる部分を前線という。

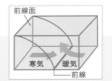

128

311 夏のはじめに日本の南岸沿いに停滞する前線を特に何という？

312 春や秋によく見られる，日本列島付近を通過する高気圧を何という？

313 日本の夏に勢力が強まる高気圧を何という？

314 地球から見える，帯状の銀河系のすがたを何という？

315 太陽とそのまわりを回る天体の集まりを何という？

梅雨前線

▶ 雨やくもりの日が多いつゆの時期にできる停滞前線。
▶ 小笠原気団とオホーツク海気団の勢力がつり合ってできる。

移動性高気圧

▶ 春や秋は，移動性高気圧と低気圧が交互に通過するため，天気が周期的に変わる。

太平洋高気圧

▶ 日本の夏は，南に太平洋高気圧，北に低気圧がある南高北低の気圧配置になり，南東の季節風がふく。

天の川

▶ 銀河系の恒星の集まりが，地球から見ると帯状の川のように見える。

太陽系

▶ 太陽とそのまわりを回る惑星，小惑星，衛星，すい星などの集まり。

316　太陽を天体望遠鏡で観察するとき，太陽を直接見ないように何のレンズにふたをする?

317　皆既日食のときに見える，太陽をとり巻く高温のうすい大気の層を何という?

318　地球のように，太陽のまわりを公転している天体を何という?

319　地球のすぐ外側を公転する惑星は?

320　太陽系で2番目に大きく，円盤状の環がある惑星は?

ファインダー

地学　地球と宇宙　　ランク C 🏳

ファインダー

▸ 望遠鏡で太陽を直接見てはいけない。
ファインダーは小さな望遠鏡。太陽
を観察するときは必ずふたをする。

地学　地球と宇宙　　ランク C 🏳

コロナ

▸ 皆既日食は，太陽が月によって完全にかくされる現象。

地学　地球と宇宙　　ランク C 🏳

惑星

▸ 太陽系の惑星は，太陽から近い順に水星，金星，地球，火星，
木星，土星，天王星，海王星の8個がある。

地学　地球と宇宙　　ランク C 🏳

火星

▸ 地球より内側を公転する水星，金星を内惑星，地球より外側を
公転する火星，木星，土星，天王星，海王星を外惑星という。

地学　地球と宇宙　　ランク C 🏳

土星

▸ おもに水素とヘリウムの気体からできていて，平均密度が水よ
りも小さい。

地学 地球と宇宙　　　　　ランク C 👑

321 小型で密度が大きく，表面が岩石でできている水星，金星，地球，火星を何という？

地学 地球と宇宙　　　　　ランク C 👑

322 大型で密度が小さく，気体などでできている木星，土星，天王星，海王星を何という？

地学 地球と宇宙　　　　　ランク C 👑

323 天体が真南（子午線）にくることを何という？

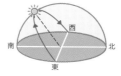

地学 地球と宇宙　　　　　ランク C 👑

324 北の空の星の回転の中心にある星Ⓐを何という？

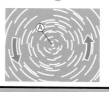

地学 地球と宇宙　　　　　ランク C 👑

325 地球がⒶの位置のとき，日本で真夜中に南中する星座は？

地学 地球と宇宙 ランク C 👑

地球型惑星
ち きゅう がた わく せい

地学 地球と宇宙 ランク C 👑

木星型惑星
もく せい がた わく せい

地学 地球と宇宙 ランク C 👑

南中
なん ちゅう

▶ 天体が南中したとき，最も高度が高くなる。

地学 地球と宇宙 ランク C 👑

北極星

▶ 北の空の星は，北極星を中心に反時計回りに回転する。
▶ 北極星は，地軸の延長方向にあるのでほとんど動かないように
　見える。

地学 地球と宇宙 ランク C 👑

オリオン座

▶ 地球に対して太陽と反対側にある星座は真夜中に南中する。
▶ 地球の公転によって，同じ時刻に見える星座の位置が，1か月
　に約30°東から西に動く（年周運動）。

326 Ⓐの位置にあるときの月を何という？

💡 物理　電気の世界　　　　　　　　　　ランク S 👑

327 コイルの中の磁界を変化させると，コイルに電圧が生じて電流が流れる現象を何という？

💡 物理　電気の世界　　　　　　　　　　ランク S 👑

328 電磁誘導によって生じる電流を何という？

近づける。　電流

💡 物理　運動とエネルギー　　　　　　　　ランク S 👑

329 物体が運動の状態を続けようとする性質を何という？

💡 物理　身の回りの現象　　　　　　　　ランク A 👑👑👑

330 光が物質の境界面で曲がって進む現象を何という？

光
空気
水

満月

🏔 地学 地球と宇宙　　ランク **C** 🏠

- ▶ 太陽の光が当たっている部分全体が見える，円形の月。
- ▶ 満月は夕方に東からのぼり，真夜中に南中して，明け方西に沈む。

💡 物理 電気の世界　　ランク **S** 👑

電磁誘導

- ▶ 発電機は電磁誘導を利用して電流を発生させる装置。

💡 物理 電気の世界　　ランク **S** 👑

誘導電流

- ▶ コイルに磁石を入れるか出すか，また出し入れする磁石の極がN極かS極かで誘導電流の向きは逆になる。

近づける。　誘導電流

💡 物理 運動とエネルギー　　ランク **S** 👑

慣性

- ▶ 外から力が加わらなければ，静止している物体はいつまでも静止を続け，運動している物体はそのままの速さで等速直線運動を続ける。

💡 物理 身の回りの現象　　ランク **A** 🏠🏠🏠

屈折

- ▶ 空気中→水中…入射角＞屈折角
- ▶ 水中→空気中…入射角＜屈折角

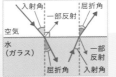

入射角　屈折角
一部反射
空気
水
（ガラス）
一部反射
屈折角　入射角

331 光が物質の境界面ですべて反射する現象を何という?

---

332 図の⒜点を何という?

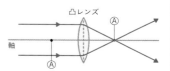

---

333 図で音が聞こえるのは,音源の振動(しんどう)を,何が耳の鼓膜(こまく)に伝えたから?

---

334 ばねののびは,ばねに加えた力の大きさに比例する。この関係を何の法則という?

---

335 電熱線を流れる電流と,電熱線に加わる電圧にはどんな関係がある?

物理 　身の回りの現象　　　ランク A 👑👑👑

全反射
ぜん はん しゃ

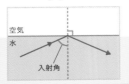

▶ 水中（ガラス中）→空気中へと光が進むとき，入射角がある角度より大きくなると起こる。

物理 　身の回りの現象　　　ランク A 👑👑👑

焦点
しょう てん

▶ 軸に平行な光を凸レンズに当てたとき，光が集まる点。レンズの両側に1つずつある。

物理 　身の回りの現象　　　ランク A 👑👑👑

空気

▶ 音源の振動が，空気→耳の鼓膜と伝わって音が聞こえる。
▶ 音は空気などの気体，水などの液体，金属などの固体中を伝わる。真空中では伝わらない。

物理 　身の回りの現象　　　ランク A 👑👑👑

フックの法則

▶ ばねに加えた力の大きさに比例するのはばねののびで，ばね全体の長さではないことに注意。

物理 　電気の世界　　　ランク A 👑👑👑

比例（関係）

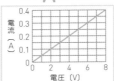

▶ 比例のグラフは，原点を通る直線のグラフになる。

物理 電気の世界　　　　　　　ランク A 👑👑👑

336 家庭のコンセントの電流のように，向きと大きさが周期的に変化する電流を何という？

物理 運動とエネルギー　　　　　ランク A 👑👑👑

337 1つの物体が他の物体に力を加えたとき，必ず同時に，同じ大きさで逆向きの力を受ける。これを何の法則という？

物理 運動とエネルギー　　　　　ランク A 👑👑👑

338 一定の速さで，一直線上を進む物体の運動を何という？

物理 運動とエネルギー　　　　　ランク A 👑👑👑

339 運動している物体がもっているエネルギーを何という？

物理 運動とエネルギー　　　　　ランク A 👑👑👑

340 物体のもつ位置エネルギーと運動エネルギーの和を何という？

💡 物理　電気の世界　　ランク A 👑👑👑

交流

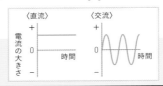

▶ 乾電池の電流のように，一定の向きに流れる電流を直流という。

💡 物理　運動とエネルギー　　ランク A 👑👑👑

作用・反作用の法則

床が物体を
押す力
（垂直抗力）

物体が床を
押す力

▶ 作用と反作用は2つの物体間で同時にはたらき，大きさは等しく向きは反対で一直線上にはたらく。

💡 物理　運動とエネルギー　　ランク A 👑👑👑

等速直線運動

▶ 物体に力がはたらいていないか，はたらく力がつり合っているときの運動。
▶ 速さが一定で，物体の移動距離は時間に比例する。

💡 物理　運動とエネルギー　　ランク A 👑👑👑

運動エネルギー

▶ 物体の質量が大きいほど，物体の速さが速いほど，運動エネルギーは大きくなる。

💡 物理　運動とエネルギー　　ランク A 👑👑👑

力学的エネルギー

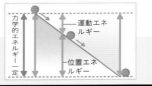

▶ 位置エネルギーと運動エネルギーの和はつねに一定（力学的エネルギーの保存）。

💡 **物理** 運動とエネルギー　　ランク **A** 👑👑👑

341 物体に対して直接手で仕事をしても，道具を使って仕事をしても，仕事の大きさは変化しないことを何という？

💡 **物理** 運動とエネルギー　　ランク **A** 👑👑👑

342 あたためられた液体や気体が移動して全体に熱が伝わる現象を何という？

💡 **物理** 身の回りの現象　　ランク **B** 👑👑

343 図のⒶの角を何という？

💡 **物理** 身の回りの現象　　ランク **B** 👑👑

344 凸レンズでできる，スクリーンにうつる像を何という？

💡 **物理** 身の回りの現象　　ランク **B** 👑👑

345 次の　　　に入ることばは？
音が出ている物体は　　　している。

💡 物理　運動とエネルギー　　ランク A 👑👑👑

仕事の原理
しごと　げんり

▶ 例 動滑車を 1 つ使うと，必要な力の大きさは 2 分の 1 になる
が，ひもを引く距離は 2 倍になる。
きょり

💡 物理　運動とエネルギー　　ランク A 👑👑👑

対流
たいりゅう

▶ 温度が高い部分は上に移動していき，
温度が低い部分は下に移動して，全
体的に熱が伝わる。

💡 物理　身の回りの現象　　ランク B 👑👑

入射角
にゅうしゃかく

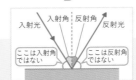

▶ 入射光と物体の面に垂直な線と
の間の角。
▶ 光の反射では入射角＝反射角。

💡 物理　身の回りの現象　　ランク B 👑👑

実像
じつぞう

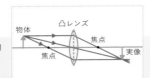

▶ 実物と上下左右が逆の像。物
体が焦点より外側にあるとき
しょうてん
にできる。

💡 物理　身の回りの現象　　ランク B 👑👑

振動
しんどう

▶ 音を発生している物体を音源という。音源の振動は波として，
おんげん
物質中を次々と伝わる。
▶ 振動の振れ幅を振幅といい，振幅が大きいほど音は大きい。
はば　　しんぷく

142

物理　身の回りの現象　ランク B

346 大気圧の大きさを表すのに用いられる単位は？

物理　電気の世界　ランク B

347 電流の道筋が途中で枝分かれした回路を何という？

物理　電気の世界　ランク B

348 電流が磁界から受ける力を利用して, コイルが連続して回転するようにした装置は何？

物理　電気の世界　ランク B

349 異なる種類の物質を摩擦したときに物体が帯びる電気を何という？

物理　電気の世界　ランク B

350 −の電気をもつ, 非常に小さい粒子を何という？

💡 **物理**　身の回りの現象　　ランク B 👑👑

ヘクトパスカル（hPa）

▶ 1hPa＝100Pa
▶ 海面上での大気圧は1気圧＝約1013hPa。

💡 **物理**　電気の世界　　ランク B 👑👑

並列回路
へい　れつ　かい　ろ

▶ 電流の道筋が1本
の回路を直列回路
ちょくれつかいろ
という。

▲直列回路　　　　▲並列回路

💡 **物理**　電気の世界　　ランク B 👑👑

モーター

▶ 磁界中に置いた導線に電流を流す
じ　かい
と，導線（電流）は力を受ける。

磁界の向き
電流の向き
力の向き

💡 **物理**　電気の世界　　ランク B 👑👑

静電気
せい　でん　き

▶ 静電気は，物体間で－の電気（電子）が移動して生じる。
でん　し
▶ 電気には＋と－の2種類があり，同じ種類の電気はしりぞけ合
い，異なる種類の電気は引き合う。

💡 **物理**　電気の世界　　ランク B 👑👑

電子
でん　し

▶ 電流の正体は，－極から＋極へ移
動する電子の流れ。
▶ 電流の向きは＋極→－極。

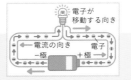
電子が
移動する向き
電流の向き　　電子
－極　　　＋極

351

図の机が本をおす力
Ⓐを何という?

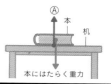

352

物体にはたらく2力と同じはたらきをする1つ
の力を何という?

353

高いところにある物体がもつエネルギーを何
という?

354

光電池は, 光エネルギーを何エネルギーに
変える装置?

355

電気エネルギーは, モーターによって運動エ
ネルギーの他に, 摩擦などで, 音エネルギー
や◻に変換される。◻に入ることばは?

垂直抗力（抗力）

▶ 面に接する物体が，面から受ける垂直方向の力。
▶ 本にはたらく重力と，本が机から受ける垂直抗力はつり合っている。

💡 **物理** 運動とエネルギー　　　ランク B 👑 👑

合力

▶ 合力を求めることを力の合成という。

一直線上にない2力の合成▶

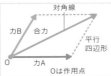

💡 **物理** 運動とエネルギー　　　ランク B 👑 👑

位置エネルギー

▶ 物体の質量が大きいほど，物体の高さが高いほど，位置エネルギーは大きくなる。

💡 **物理** 運動とエネルギー　　　ランク B 👑 👑

電気エネルギー

💡 **物理** 運動とエネルギー　　　ランク B 👑 👑

熱エネルギー

▶ いろいろなエネルギーに変換されても，変換する前後でエネルギーの総量は一定に保たれる。これをエネルギーの保存（エネルギー保存の法則）という。

● 物理　運動とエネルギー　　　　　ランク B ☖☖

356

物体が接しているとき，高温の部分から低温の部分へ熱が伝わる現象を何という？

● 物理　運動とエネルギー　　　　　ランク B ☖☖

357

光源や熱源から空間をへだてて離れたところまで熱が伝わる現象を何という？

● 物理　科学技術と人間　　　　　ランク B ☖☖

358

石油，石炭，天然ガスなどの燃料を何という？

● 物理　科学技術と人間　　　　　ランク B ☖☖

359

間伐材などを燃やして発電する方法を何という？

● 物理　身の回りの現象　　　　　ランク C ☖

360

光が物体の表面に当たってはね返る現象を何という？

光

💡 **物理** 運動とエネルギー　　ランク **B** 👑👑

伝導（熱伝導）

💡 **物理** 運動とエネルギー　　ランク **B** 👑👑

放射（熱放射）

▶ 高温の物体から，熱が光や赤外線となって空間を移動して熱が伝わる。

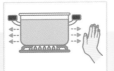

💡 **物理** 科学技術と人間　　ランク **B** 👑👑

化石燃料

▶ 火力発電では，化石燃料を燃焼させて発電している。
▶ 埋蔵量に限りがある。

💡 **物理** 科学技術と人間　　ランク **B** 👑👑

バイオマス発電

▶ 作物の残りかすや家畜の排せつ物などの再生可能な生物資源をバイオマスという。

💡 **物理** 身の回りの現象　　ランク **C** 👑

反射

▶ 光が反射するとき，入射角＝反射角となる。これを反射の法則という。

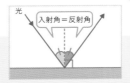

361 図の🅐の角を何という？

光
空気
半円形
ガラス
🅐

362 光の全反射（ぜんはんしゃ）を利用して，通信ケーブルなどに使われているものは何？

363 スクリーンにうつらず，凸（とつ）レンズを通して見える像を何という？

364 魚群探知機（ぎょぐんたんちき）や医療機器（いりょうきき）で利用されている，人間の耳には聞こえない振動数（しんどうすう）の多い音を何という？

365 地球が，地球の中心に向かって物体を引く力を何という？

屈折角
くっ せつ かく

入射光
空気
半円形ガラス
屈折光
屈折角

▶ 屈折光と物質の境界面に垂直な線との間の角。

光ファイバー

虚像
きょ ぞう

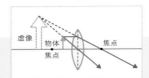

虚像　物体　焦点
焦点

▶ 実物より大きく，向きは同じ。物体が焦点より内側にあるときにできる。

超音波
ちょう おん ぱ

▶ 振動数は，音源が1秒間に振動する回数。音源の振動数が多いほど音は高い。
しんどうすう

重力
じゅう りょく

▶ 離れていてもはたらく力。地球上のすべての物体にはたらく。
はな

▶ 物体にはたらく重力の大きさを重さという。

物理 身の回りの現象 ランク C

366 のびたゴムやばねが，もとの形にもどろうとして生じる力を何という？

物理 身の回りの現象 ランク C

367 力の大きさの単位は何？

物理 身の回りの現象 ランク C

368 空気の重さによって生じる圧力を何という？

物理 電気の世界 ランク C

369 回路に電流計をつなぐとき，直列つなぎと並列つなぎのどちらにする？

物理 電気の世界 ランク C

370 抵抗を流れる電流の大きさが，その抵抗に加わる電圧の大きさに比例する法則を何という？

弾性力（弾性の力）

▶ 変形した物体がもとにもどろうとする
性質を弾性という。

ニュートン（N）

▶ 約100gの物体にはたらく重力の大きさが1N。

大気圧（気圧）

▶ あらゆる向きからはたらく。
▶ 高いところほど，大気圧は小さくなる。

直列つなぎ

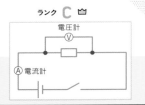

▶ 電圧計は回路に並列つなぎにす
る。

オームの法則

▶ オームの法則の式
電圧〔V〕＝抵抗〔Ω〕×電流〔A〕

371 金属のように抵抗が小さく，電気を通しやすい物質を何という？

372 1秒間あたりに使われる電気エネルギーの大きさを表すものを何という？

373 磁力がはたらく空間を何という？

374 磁界のようすを表した線を何という？

375 たまった電気が流れ出したり，空間を移動したりする現象を何という？

導体

> ガラスやゴムのように抵抗が大きく，電気をほとんど通さない物質を不導体（絶縁体）という。

電力

> 電力〔W〕＝電圧〔V〕×電流〔A〕
> 電力の単位はワット（記号W）。

磁界（磁場）

> 磁界の中に置いた方位磁針のN極が指す向きを磁界の向きという。

磁力線

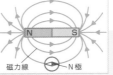

> N極から出てS極に向かう線。
> 磁力線の間隔がせまいところほど，磁界は強い。

磁力線　　　N極

放電

> 雷は，雲と地面の間で発生する放電。

💡 **物理** 電気の世界　　　ランク C 🏱

376 気圧を低くした空間に電流が流れる現象を何という?

💡 **物理** 運動とエネルギー　　　ランク C 🏱

377 静止している物体は静止し続け, 運動している物体はそのままの速さで等速直線運動を続ける法則を何という?

💡 **物理** 運動とエネルギー　　　ランク C 🏱

378 物体に力を加えて力の向きに動かしたとき, 物体に対して何をしたという?

💡 **物理** 科学技術と人間　　　ランク C 🏱

379 太陽光など, 一度利用しても再び利用することができるエネルギーを何という?

💡 **物理** 科学技術と人間　　　ランク C 🏱

380 風で風車を回して発電する発電方法を何という?

真空放電

しん くう ほう でん

▶ 真空放電で観察できる，−極から＋極に向かう電子の流れを陰極線（電子線）という。

慣性の法則

かん せい ほう そく

▶ 物体に力がはたらかない，またははたらく力がつり合っている場合に成り立つ。

仕事

し ごと

▶ 仕事〔J〕＝物体に加えた力〔N〕×力の向きに動かした距離〔m〕
▶ 仕事の単位はジュール（記号J）。

再生可能エネルギー

さい せい か のう

▶ 太陽光，風力，地熱，バイオマス，水力などがある。

風力発電

💡 **物理** 科学技術と人間 ランク C 凸

381 地下のマグマの熱でつくられた水蒸気を利用して発電する方法を何という？

💡 **物理** 科学技術と人間 ランク C 凸

382 環境や資源を保全し，現在のくらしを永続させるような社会を何という？

🧪 **化学式** 化学変化と原子・分子 ランク

383 気体の二酸化炭素の化学式は？

🧪 **化学式** 化学変化と原子・分子 ランク

384 塩化ナトリウムの化学式は？

🧪 **化学式** 化学変化とイオン ランク

385 塩化物イオンの化学式は？

💡 **物理** 科学技術と人間　　　ランク C

地熱発電

💡 **物理** 科学技術と人間　　　ランク C 🏳

持続可能な社会
（じ ぞく か のう しゃ かい）

⚗ **化学式** 化学変化と原子・分子　　　ランク

CO_2

▸ 炭素原子Cが1個と酸素原子Oが2個結びついている。
▸ 化合物で分子をつくる。

⚗ **化学式** 化学変化と原子・分子　　　ランク

NaCl

▸ ナトリウム原子Naと塩素原子Clが1：1の割合で結びついてできる。
▸ 化合物で分子をつくらない。

⚗ **化学式** 化学変化とイオン　　　ランク

Cl^-

▸ 塩素原子Clが電子を1個受けとった陰イオン。
▸ 塩化水素の電離で生じる。$HCl \rightarrow H^+ + Cl^-$

化学式　化学変化と原子・分子　ランク A

386　気体の水素の化学式は?

化学式　化学変化と原子・分子　ランク A

387　気体の酸素の化学式は?

化学式　化学変化と原子・分子　ランク A

388　水の化学式は?

化学式　化学変化とイオン　ランク A

389　水素イオンの化学式は?

化学式　化学変化とイオン　ランク A

390　水酸化物イオンの化学式は?

H_2

▶ 水素原子Hが2個結びついている。
▶ 単体で，分子をつくる。

O_2

▶ 酸素原子Oが2個結びついている。
▶ 単体で，分子をつくる。

H_2O

▶ 水素原子Hが2個と酸素原子Oが1個結びついている。
▶ 化合物で，分子をつくる。

H^+

▶ 水素原子Hが電子を1個失った陽イオン。
▶ 酸が水にとけて電離すると生じる。
　酸→H^+＋陰イオン

OH^-

▶ 原子の集団OHが電子を1個受けとった陰イオン。
▶ アルカリが水にとけて電離すると生じる。
　アルカリ→陽イオン＋OH^-

化学式　化学変化と原子・分子　　ランク A ♔♔♔

391　硫酸バリウムの化学式は？

化学式　化学変化とイオン　　ランク A ♔♔♔

392　銅イオンの化学式は？

化学式　化学変化とイオン　　ランク A ♔♔♔

393　亜鉛イオンの化学式は？

化学式　化学変化と原子・分子　　ランク

394　銅の酸化の化学反応式は？

化学式　化学変化とイオン　　ランク

395　塩酸と水酸化ナトリウム水溶液の中和の化学反応式は？

$BaSO_4$

▶化合物で，分子をつくらない。

Cu^{2+}

▶銅原子Cuが電子を2個失った陽イオン。
▶塩化銅が電離すると生じる。$CuCl_2 \rightarrow Cu^{2+} + 2Cl^-$

Zn^{2+}

▶亜鉛原子Znが電子を2個失った陽イオン。

$2Cu + O_2 \rightarrow 2CuO$

▶　銅　　　　　酸素　　　　　酸化銅
　　(Cu)(Cu) + (O)(O) → (Cu)(O)(Cu)(O)

$HCl + NaOH \rightarrow NaCl + H_2O$

▶塩酸（塩化水素）＋水酸化ナトリウム→塩化ナトリウム＋水
▶この中和でできる塩は，塩化ナトリウム。

396 水の電気分解の化学反応式は？

397 鉄と硫黄の化合の化学反応式は？

398 水素と酸素の化合の化学反応式は？

399 酸化銅の炭素による還元の化学反応式は？

400 マグネシウムの酸化の化学反応式は？

$2H_2O \rightarrow 2H_2 + O_2$

▶ 水→水素＋酸素
▶ 水の電気分解では、陰極に水素が、陽極に酸素が発生し、その体積比は水素：酸素＝2：1。

$Fe + S \rightarrow FeS$

▶ 鉄＋硫黄→硫化鉄
▶ 発熱反応なので、反応が始まると加熱をやめても反応が進む。

$2H_2 + O_2 \rightarrow 2H_2O$

▶ 水素＋酸素→水
▶ 水素を燃やすと、酸素と結びついて水ができる。

$2CuO + C \rightarrow 2Cu + CO_2$

▶ 酸化銅＋炭素→銅＋二酸化炭素
▶ 酸化銅は還元されて銅に、炭素は酸化されて二酸化炭素になる。

$2Mg + O_2 \rightarrow 2MgO$

▶ マグネシウム＋酸素→酸化マグネシウム
▶ マグネシウムを加熱すると、激しく熱と光を出して酸素と化合し、酸化マグネシウムになる。